★★★★★

东京五星级鱼料理店

岸朝子 主编

中国工人出版社

图书在版编目（CIP）数据

东京五星级鱼料理店 /（日）岸朝子主编；刘林译.
—北京：中国工人出版社，2019.7
ISBN 978-7-5008-7219-1

Ⅰ.①日… Ⅱ.①岸… ②刘… Ⅲ.①饮食—文化—日本
Ⅳ.①TS971.203.13

中国版本图书馆CIP数据核字（2019）第135542号

著作权合同登记号：图字 01-2018-5311

东京五星级鱼料理店

出 版 人 王娇萍
责任编辑 孟 阳 金 伟
责任印制 黄 丽
出版发行 中国工人出版社
地 址 北京市东城区鼓楼外大街45号 邮编：100120
网 址 http://www.wp-china.com
电 话 （010）62005043（总编室）
（010）62005039（印制管理中心）
（010）62004005（万川文化项目组）
发行热线 （010）62005049 （010）62005041 （010）62046646
经 销 各地书店
印 刷 三河市东方印刷有限公司
开 本 880毫米×1230毫米 1/32
印 张 6.5
字 数 75千字
版 次 2019年9月第1版 2019年9月第1次印刷
定 价 56.00元

目 录

前言

四面环海的岛国日本虽然面积不算辽阔，但是狭长的国土从北到南延伸，受四季的轮转之惠，是一个海产品丰富的幸福国度。正所谓“森林是海洋的恋人”，丰茂的森林植物经由河流进入海洋，为其提供养分，孕育了大量的海产品和藻类等。从被北海道的阿依努人视为神灵的馈赠、整尾食用毫无浪费的鲑鱼开始，到鳕鱼、远东多线鱼、海胆、蟹类、乌贼等，再到被视为冲绳县“县鱼”的乌尾冬仔以及能够在珊瑚礁周围捕获的色彩鲜艳的石斑鱼亚科鱼类，可谓海产品品种丰富多样。此外，追随着季节的脚步，春天有被称为“报春鱼”的石狗公、鲱鱼和鲷鱼。到了初夏，“宁可当了老婆也要买初鲣”这句俗谚可见江户人（译注：江户为东京旧称）很重排场的鲣鱼登场。鲣鱼北上之后经过津轻海峡再洄游南下，这种经历使得它们富含脂肪，鲜美可口。入秋之后，鱼如其名，是秋刀鱼的时令季节。待到寒风乍起、霰雪开始敲打屋顶的冬季时，在日本海一侧，家家户户用鰤鱼制作“芜菁寿司”等美味迎接新年。

从吃不惯生鱼的中国，到慢慢开始排斥摄取牲畜类的动物性脂肪的欧美，以寿司为代表的日本料理已经成为很多国家健康饮食的代名词，大受欢迎。早在20年前，就有指出“日本儿童之所以天资聪颖，是因为多吃青鳞鱼”的论文在伦敦发表，鱼类脂肪中富含的多价不饱和脂肪酸不仅有预防动脉硬化、降低血液中胆固醇的效用，而且可以增强脑部机能，这些结论引起了世界性的关注。

除了寿司以外，善于利用海产品的日本料理包括从各地的乡土料理到怀石料理，十分丰盛。希望美味的鱼料理能够拓展您饮食生活的味觉体验，成为健康长寿的源泉。

岸朝子

中央区

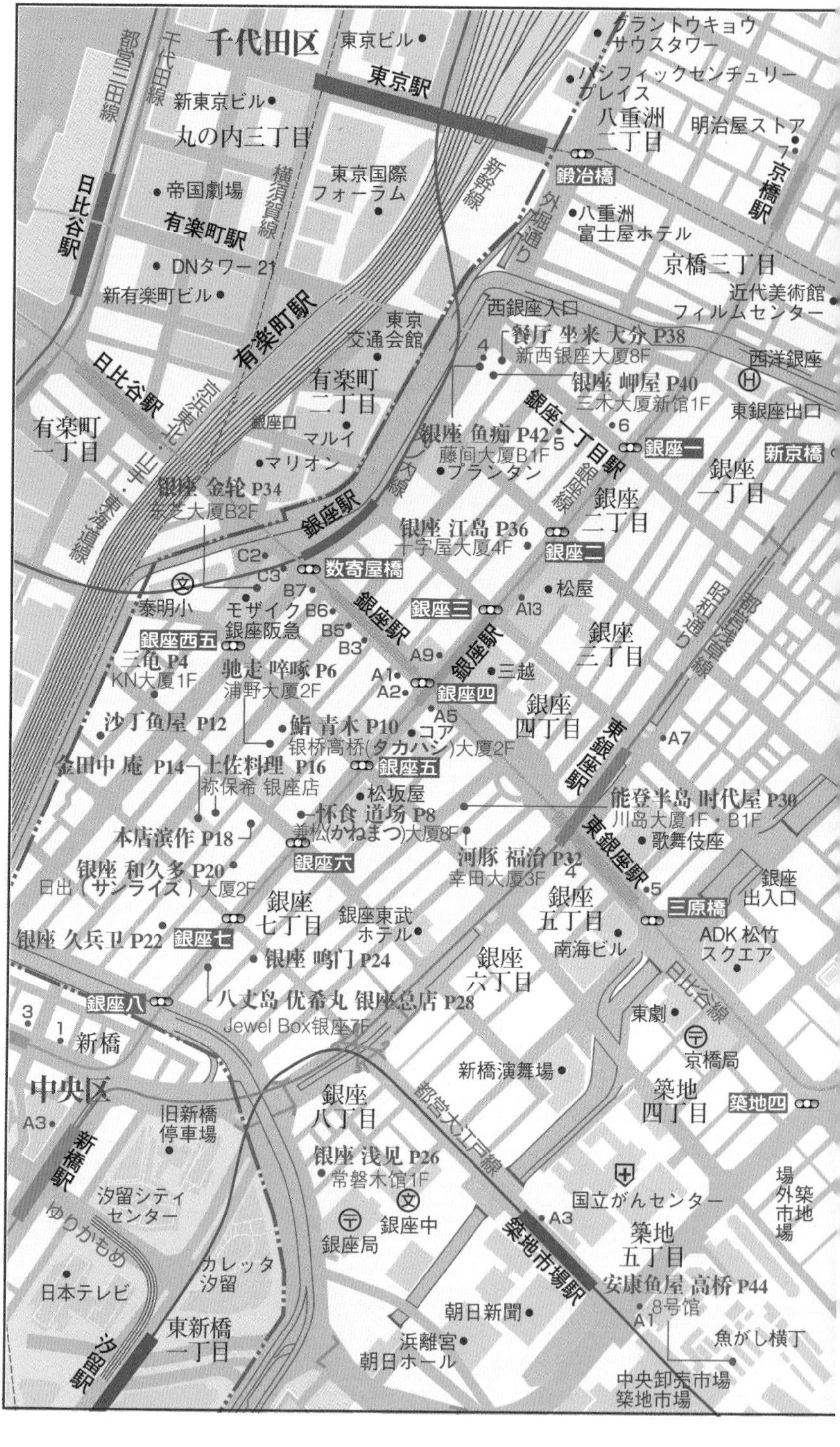
千代田区
東京ビル
グラントウキョウサウスタワー
パシフィックセンチュリープレイス
東京駅
都営三田線
千代田線
新東京ビル
丸の内三丁目
八重洲一丁目
明治屋ストア
京橋駅
鍛冶橋
新幹線
日比谷駅
帝国劇場
横須賀線
東京国際フォーラム
外堀通り
八重洲富士屋ホテル
有楽町駅
DNタワー21
京橋三丁目
新有楽町ビル
有楽町駅
東京交通会館
西銀座入口
餐厅 坐来 大分 P38
新西银座大厦8F
近代美術館フィルムセンター
西洋銀座
日比谷駅
有楽町二丁目
银座 岬屋 P40
三木大厦新馆1F
東銀座出口
京浜東北
銀座口
マルイ
銀座一丁目駅
有楽町一丁目
银座 鱼痴 P42
藤间大厦B1F
銀座一
新京橋
山手・東海道線
マリオン
プランタン
丸ノ内線
銀座線
銀座一丁目
银座 金轮 P34
东芝大厦B2F
銀座駅
銀座二丁目
银座 江岛 P36
十字屋大厦4F
銀座二
C2
C3
数寄屋橋
泰明小
B7
松屋
昭和通り
都営浅草線
モザイク銀座阪急
B6
銀座駅
銀座三
A13
銀座西五
B5
B3
銀座駅
銀座三丁目
三亀 P4
KN大厦1F
驰走 啐啄 P6
浦野大厦2F
A9
A1
A2
三越
銀座四
沙丁鱼屋 P12
A5
銀座四丁目
鮨 青木 P10
コア
银桥高桥(タカハシ)大厦2F
東銀座駅
A7
金田中 庵 P14
土佐料理 P16
祢保希 银座店
銀座五
松坂屋
能登半岛 时代屋 P30
川岛大厦1F・B1F
一怀食 道场 P8
美松(かねまつ)大厦8F
東銀座駅
歌舞伎座
本店滨作 P18
銀座六
河豚 福治 P32
幸田大厦3F
银座 和久多 P20
日出(サンライズ)大厦2F
銀座七丁目
銀座五丁目
三原橋
銀座出入口
銀座東武ホテル
ADK松竹スクエア
银座 久兵卫 P22
銀座七
银座 鸣门 P24
南海ビル
銀座六丁目
日比谷線
八丈岛 优希丸 银座总店 P28
Jewel Box银座7F
銀座八
東劇
京橋局
新橋
新橋演舞場
中央区
築地四丁目
築地四
旧新橋停車場
銀座八丁目
都営大江戸線
新橋駅
银座 浅见 P26
常磐木馆1F
場外築地市場
汐留シティセンター
国立がんセンター
ゆりかもめ
銀座中
銀座局
A3
築地市場駅
築地五丁目
カレッタ汐留
日本テレビ
安康鱼屋 高桥 P44
8号馆
朝日新聞
A1
汐留駅
東新橋一丁目
浜離宮朝日ホール
魚がし横丁
中央卸売市場築地市場

八重洲・日本橋
松江之味 日本桥 皆美 P52
コレド日本桥4F
日本橋一丁目
東西線
日本橋
B12
千代田区
八重洲一丁目
日本橋駅
日本橋駅
永代通り
日本橋駅
大丸
外堀通り
日本橋二丁目
東京駅
プラザビル
割烹 嶋村 P54
高島屋
日本橋通局
八重洲中央口前
昭和通り
首都高速
中央通り
中央区
都営浅草線
銀座線
城東小
八重洲二丁目
日本橋三丁目

ブリヂストン
京橋一丁目
昭和通り
京橋二丁目
宝町駅
首都高速
京橋出口
銀座ラフィナート
京橋プラザ
新富一丁目
新富二丁目
銀座ブロッサム
新富町駅
中央区役所
築地一丁目
日比谷線
新大橋通り
築地二丁目
築地川公園
京橋築地小
築地駅
築地三丁目
聖路加看護大
築地本願寺
築地七丁目
晴海通り
築地六丁目
銀座・築地

人形町通り
人形町
都営浅草線
A3
吉星 P48
甘酒横丁
人形町駅
日本橋人形町二丁目
半蔵門線
A1
A2
甘酒横丁
寿司 天妇罗 秋 P50
日本桥T大厦B1F
日本橋人形町一丁目
日本橋小
7
水天宮前
水天宮
新大橋通り
日比谷線
水天宮前駅
日本橋蛎殻町一丁目
人形町

勝鬨橋
隅田川
プラザ勝どき
勝どき一丁目
勝どき一
月島二小
サンスクエア
A4
勝どき駅前
勝どき三丁目
金升 P46
（临时店面）
勝どき駅
勝どき二丁目
晴海通り
都営大江戸線
清澄通り
勝どき四丁目
勝どき

1：10,000

0　200m

地図の方位は真北です

用樱叶包裹核桃、粗粒糯米粉和甘鲷蒸制成的甘鲷樱蒸，有如樱饼的造型和樱叶的清香，既美观又好吃

三亀（さんかめ）

巴掌大的小店才有讲究的料理

割烹料理

与外堀通一街之隔的数寄屋通，直到今天仍散发着淡淡的市井生活的味道。自昭和 22 年（1947 年）开业以来，三亀餐厅一直坐落在这条街上一个不起眼的角落里。目前当家的是曾在银座的关西料理店出井等名店进修过的第二代店主南条勋夫先生。

店里制作的鱼和贝类均选用日本国产天然食材，特别是那些时令食材，比如即将产卵的鱼类。采购地点主要是筑地市场，有时候也会从原产地直接送达（比如上图中的甘鲷，就来自大分县臼杵市一家有长期合作关系的河豚料理店）。在蔬菜方面，春天吃新芽，秋天吃果实，冬天主要选用根茎类蔬菜食用。因为食材以这样的方式选择，所以烹调时也是遵循“最普通、最基本、忠于原汁原味”的理念操作，但是“既然是吃的东西，就要有吃的东西该有的分量”，所以三亀不做那种小巧精致的料理。而且下面这句话让我印象尤为深刻，“我不是企业家，只是个商人，做的也是巴掌大小、一眼就能看遍整间屋子的小买卖”。难怪三亀的料理不管哪一道菜品都十分用心讲究。

1. 鲣鱼、鲷鱼、海松贝刺身拼盘。鲣鱼只使用初春时节的初鲣，也就是上行鲣鱼（沿太平洋北上），不使用下行鲣鱼（经太平洋南下），到了初夏就改为黄带拟鲹，九月时再换成金枪鱼。2. 蜂斗菜、冬笋、烤章鱼拼盘，充满春的气息，章鱼肚子里满满的鱼子像米饭粒一样颗颗分明，是江户流派的做法。3. “把做菜当作很普通的事”视为理所当然的南条先生。4. 店里的装修多用木材，柜台、桌子、榻榻米座席都很简朴。5. 洋溢着春天旺盛生命力的芝麻拌芹菜售价 850 日元，适合搭配烈性的日本酒食用。

菜单

甘鲷樱蒸・烤带鳞甘鲷・花椒烤六线鱼・炸六线鱼块 …… 各 2700 日元
鲣鱼、鲷鱼、海松贝刺身拼盘 …… 3500 日元
蜂斗菜、冬笋、烤章鱼拼盘 …… 2100 日元
盐烤鲷鱼・鲷鱼头汤 …… 各 3700 日元
套餐料理 …… 13650 日元
午餐定食：刺身加烧烤或者刺身加煮物 …… 各 1950 日元
“白鹰”本酿造 180 毫升 …… 800 日元
“三千盛”特选 180 毫升 …… 800 日元
烧酒 …… 杯 500 日元・瓶 5250 日元
啤酒 中瓶 …… 800 日元

✆ 03-3571-0573
住 中央区银座 6-4-13
交 地铁银座站 C2 出口步行 4 分钟或 JR 有乐町站银座口步行 7 分钟
营 12 时～13 时 30 分（点单截止）、17～22 时
休 周日、节日休息＊7～8 月周六加休
座位 27 个
包间 包间 1 个（可坐 8 人，无包间费） 服务费 无
吸烟 可 预约 可 刷卡 可

取高级海带和木鱼花做成的出汁，制作汤色清澈的清炖甘鲷，添加了柚子丝和蔬菜碎来提味

暖胃又暖心的正宗怀石料理

驰走 啐啄（さんかめ）

怀石料理

日语“驰走”的意思是为了客人的餐食东奔西跑四处筹集食材。“啐啄”两个字分别是指雏鸟从蛋壳内侧向外啄、雏鸟的双亲从壳外向内敲击蛋壳，合在一起也有“机不可失、失不再来”的意思。用当季的食材和符合时令的烹调方式制作菜品，给当天的客人享用——如店主西塚茂光先生所说，店名中暗含着“一期一会之心”。他的理想就是制作给客人留下参与空间、直到客人吃到嘴才算完成的料理。

西塚先生并不认同做工复杂、硬要弄出噱头的“这种料理原本就有”之类的态度。他认为，只要对食材心怀敬意，或者说一边和食材对话、一边制作简朴的食物，才是应有的态度。静静地温暖肠胃、让内心温柔起来的料理总会让我们想到平素的家常菜，或许这才是正宗的怀石料理。自然的茶室风格、不造作的店内装饰也让客人的心情变得温暖自在。

1. 带鱼子的花椒烤香鱼，用花椒酱油腌渍后烤制的香鱼肉汁饱满，让食客充分感受自然的生命力。2. 在海鳗上撒盐和酒烤熟，再和用八方高汤烧制的菌类、莲藕泥一起蒸熟，出锅后莲藕的清香最是诱人。3. 将蒸熟的螃蟹加白味噌和酒大火猛煮，再与松茸和扁豆一起炖，味噌与螃蟹味噌融合在一起，形成温暖人心的甘甜滋味。4. 茶室氛围的店内装饰让人从触感上体会到暖意。5. 店主说话带有一点山形县的乡音，非常温柔。

菜单

〈午餐〉点心 …3990 日元 *11 时 30 分～13 时 / 午间怀石（需预约）…7350 日元 *12 时

〈晚餐〉套餐：小菜・酒菜拼盘・碗盛・生鱼片・合肴・烤物・鱼肉蔬菜拼盘・主食・甜品 ……………………………………10500 日元・12600 日元・15750 日元

“麒麟山”吟酿 ….180 毫升 1365 日元・360 毫升 2625 日元

“鄙愿”大吟酿・“菊姬”纯米 … 各 180 毫升 1890 日元・360 毫升 3150 日元

烧酒 大杯 …………………………… 1050 日元

啤酒 中瓶 …………………………… 630 日元起

✆ 03-3289-8010

住 中央区银座 6-7-7 浦野大厦 2F

交 地铁银座站 B5 出口步行 5 分钟

营 11 时 30 分～14 时 30 分（13 时后不接客）、18～22 时（20 时后不接客）

休 周日、节日休息 * 周六只有晚上营业

座位 16 个 包间 无 服务费 午餐除点心外 10%

吸烟 不可 预约 午餐除点心外需预约 刷卡 可

河豚鱼肉卷（图为 4 人份），使用河豚鱼肉卷入安康鱼肝、小香葱、鱼皮（河豚鱼皮分三种，原文的身皮指的是最贴近鱼肉的那层皮）制成的时尚菜品

满足个人爱好和健康养生的餐厅

怀食 道场（かいしょくみちば）

怀石料理

“怀石的心意与母亲温暖的怀抱，让食客安心畅快地品尝到兼具这两种气质的料理”——据说料理人道场六三郎秉承如此理念给店名冠以“怀食”二字。

餐厅主要经营奉行“医食同源”“五味五法”（译注：五味指酸、甘、苦、辛、咸五种味觉，五法指煮、烤、炸、蒸、生食五种做法）理念的餐食，无论是套餐还是单品，每道菜的价格单从菜名或是产地来看，都是出乎意料的划算。但正如照片所传递出来的意境，食材的选择和制作方法都映照着骄傲的料理人严谨的目光和精准的技艺。

餐厅内部宽敞舒适，没有进行区块分割，从吧台一眼望过去，就能看到开放式厨房里工作的料理人是怎样做菜的。“我希望客人们到了这儿就有宾至如归的感觉”，本着这样的精神，套餐也是随性度更高的半自助形式。餐厅还设有可以带小朋友共同用餐的包间，也提供观赏夜景的座位。这样一来，这里便成了几代人可以一同用餐的“我在银座的家”，难道不是吗？

1. 在土锅中加热的石头上不时撒上酒水，在揭开和纸制成的盖子前的一瞬间将食物蒸熟（图为 4 人份），浓缩着季节的鲜香，浓郁的蒸气直钻鼻孔。2. 本书主编岸朝子女士也非常喜欢的盐烤鲷鱼东洋鲈（图为 4 人份），微咸不甜的口味是下饭和下酒的好菜（均来自怀石套餐，左页图片同）。3. 房顶的伞形大吊灯投下了一片巨大的阴影，餐厅宽敞，桌位宽松，里面设有吧台位，再里面就是开放式厨房。4. 大厅侧面的墙壁上安装了营造庭院效果的搁板，每周更换不同的盆栽，还有英国陶艺家露西 · 里的陶艺作品。

菜单

怀石套餐 …… 12600 日元
五法膳 …… 3150 日元
旬彩膳 …… 4725 日元
款待套餐 …… 6300 日元
活鱼料理 …… 3000 日元
烩饭 …… 1000 日元起
握寿司每只 …… 300 日元起
“福正宗”特别纯米 · “都美人”本酿造
…各 180 毫升 700 日元 · 360 毫升 1300 日元
“三千盛”特酿 ··180 毫升 800 日元 · 360 毫升 1400 日元
烧酒 …… 杯 650 日元起 · 瓶 6500 日元起
啤酒 小瓶 …… 650 日元

✆ 03-5537-6300

住 中央区银座 6-9-9 Kanematsu 大厦 8F

交 地铁银座站 A2 出口步行 3 分钟

营 11 时 30 分～15 时 30 分（14 点 30 分点单截止）* 周六日及节假日至 16 时 30 分（15 点 30 分点单截止）、17 时～23 时（21 时点单截止）* 周日及节假日至 22 时（20 时点单截止） 休 周一休息 * 周一为节假日的情况下翌日休息 座位 73 个 包间 2 个（可坐 12 人，4 人以上需支付包间费 3000 日元） 服务费 晚餐时段 10% 吸烟 不可 预约 可 刷卡 可

午餐菜单中的寿司拼盘 3150 日元，7 种共 8 只，相当划算，章鱼和金枪鱼分别刷上煮诘和煮切的料汁

以寿司为代表的日本料理季节感十足

鮨 青木（すしあおき）

寿司

本店是昭和 47 年（1972 年）由第二代现任店主青木利胜先生的父亲青木义先生在京都木屋町创建的。老青木先生曾在著名的江户前寿司店——银座奈可田学习，当时也是作为奈可田的分号经营的。之后搬迁到了东京的麴町，现在的这家店是在平成 4 年（1992 年）开业的。

鱼类和贝类主要从筑地市场采购，其他食材也会从九州乃至全日本各处的产地进货。店主认为“既然寿司是日本料理，就要体现出季节感”，所以尽可能地选用时令季节的鱼类，尤其是那些固定商品，更是要竭尽全力找到当季最好的食材。这些倾注心血获得的食材做成握寿司和寿司饭，与身材高大、精力充沛、充满巧思的店主本人气质相符，因为总是一脸和善、不会轻易动怒，所以烹调出来的味道也是充满了点滴浸润心田的暖意。

店内最主要的空间就是用一整张白色木板制成的吧台，可供 14 人同时用餐，简朴洁净，越发让寿司的形态、颜色显得耀眼夺目，味道好像也因此更添一分。

1

2

3

4

5

1. 使用一整条星鳗制作的素烤星鳗（图中菜品 2000 日元），肉质紧实不柴，油脂饱满。2. 用带骨蓝鳍金枪鱼制作的烤金枪鱼蛇腹，金枪鱼腹肉的一种（图中菜品 3000 日元），脂肪丰富、肉质滑嫩，有淡甜味。3. 五彩寿司饭使用了星鳗、斑鰶、樱煮章鱼、煮文蛤、对虾等，是用十几种食材制作的大菜。4. 非常具有江户前风格的店面，一块板打造的吧台通透整洁。5. 店主人很开朗，喜欢和客人说笑。

菜单

握寿司・生金枪鱼盖饭・什锦寿司饭 …… 均按时价
五彩寿司饭 …… 3150 日元 / 外带：1 人份 3150 日元・2 ～ 3 人份 7875 日元
太卷 1 条 …… 3150 日元
带骨蓝鳍金枪鱼・素烤星鳗 …… 均按时价
“白鹰”超特选 180 毫升 …… 840 日元
“泷泽”纯米吟酿・“出羽樱”吟酿 180 毫升 …… 各 1575 日元
烧酒 杯 …… 1050 日元・1575 日元
啤酒 小瓶 …… 525 日元

✆ 03-3289-1044
住 中央区银座 6-7-4 Takahashi 大厦 2F
交 地铁银座站 B3 出口步行 2 分钟
营 12 ～ 14 时（13 时 30 分点单截止）、17 ～ 22 时（21 时点单截止）
休 周日
座位 30 个　包间 1 个（10 个座位，无包间费）
服务费 无　吸烟 不可
预约 可　刷卡 可

在一番出汁中加入白萝卜泥，再用生姜和葱花激发炸鱼的香气，鱼头炸至酥烂可以食用

沙丁鱼屋

日本唯一专卖沙丁鱼的料理店

沙丁鱼料理

昭和 14 年（1939 年），创始人内藤直茂先生在银座开了这家沙丁鱼屋，当时沙丁鱼还是与竹荚鱼、青花鱼并列的三大低档鱼。如今，沙丁鱼已经成了健康食品的代表，价格自然也是水涨船高。店铺第三代传人内藤太郎笑称："祖父真的是很有先见之明的，他一直坚信大米、大麦、白萝卜叶和沙丁鱼是食物的四大要素。"为了继承祖父的理念，现在店里的套餐也必然会用到这四种食材。

沙丁鱼屋不做沙丁鱼以外的鱼类，而且所有的鱼几乎都是从中间商那里经过竞价买来的特级品，也就是说均为日本顶级的沙丁鱼。这里的沙丁鱼料理似乎在其他地方不太常见，包括生食、凉拌、烤、炸、清炖等做法，光是单品料理就有 30 多种。所以，那些专注健康又对口味颇有要求的女性食客总是络绎不绝。

1. 鲜艳又闪着银光的鱼皮证明了食材新鲜度，脂肪肥美的刺身蘸上自制的橙子醋，更添酸爽。2. 盐烤沙丁鱼是招牌菜，洒上酸橙汁食用，肉质细腻，鱼肠微苦。3. 内藤先生和他身后书写着食物四大要素的招牌。4. 明亮的褐色基调，二层桌席气氛轻松、空间宽敞。5. 汆沙丁鱼丸子，根据沙丁鱼脂肪含量调配西京味噌和信州味噌的比例。6. 凉拌牛蒡条（左）和生姜炖沙丁鱼，酒搭配的是千代菊。

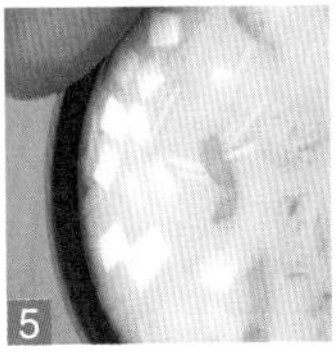

菜单

唐扬・盐烤・龙田扬 沙丁鱼 …… 各 900 日元
汆沙丁鱼丸子・沙丁鱼泥浓汤 … 各 800 日元
刺身・冲脍（凉拌鱼肉泥）・蒲烧沙丁鱼 … 各 1000 日元
套餐 …… 午餐 4000 日元・晚餐 5000 日元起
〈午餐定食〉每日更换 ………… 1100 日元 / 盐烤 …… 1300 日元 / 刺身 …… 1400 日元
〈晚餐定食〉唐扬・盐烤 … 各 2200 日元 / 刺身 ……… 2300 日元 / 南蛮渍 ……… 2500 日元
“千代菊”壶 180 毫升 ……………… 800 日元
“千代菊”有机纯米 300 毫升 …… 1800 日元
烧酒 ……… 杯 700 日元起・瓶 4500 日元起
啤酒 中瓶 …………………………… 700 日元起

✆ 03-3571-3000
住 中央区银座 7-2-12
交 地铁银座站 C2 出口步行 4 分钟
营 11 时 30 分～14 时（点单截止）、17 时～21 时 30 分（21 时点单截止）* 周六 12～20 时（点单截止）（午餐到 15 时 30 分）
休 周日、节假日
座位 80 个　包间 3 个（可坐约 30 人，无包间费）
服务费 包间收取 10%　吸烟 分区　预约 可　刷卡 可

热气腾腾略带甜味的甘鲷烩饭，鱼肉做好后在食客面前由店员现场拆解

放松心情享用知名的金田中料理

金田中 庵（かねたなかあん）

吧台割烹料理

这家店是高级料亭金田中的第三代、也就是现任店主在平成6年（1994年）创办，就是想让客人们能够更轻松地享用料理。开在新桥的那家金田中堪称“料理・陈设・文化之集大成者”，而庵这家店将部分料理以自己独特的方式推出了多款产品，其简约雅致的店内布局毫无装腔作势之感，值得客人慢慢享用。

晚间料理从5道下酒菜开始，后续的从生鱼片到主食，每周都会更换菜单。当然，食客可以完全根据自己的喜好单点，也有可以自由选择不同组合方式的半自助套餐。

厨师长渡边厚先生在厨房打头阵，除了下酒菜之外，从生鱼片到烤物、拼盘、煮物和主食，由他亲自掌勺的就有30个品种。看一眼菜单，都是些费时费力、很有日本特色的料理，品尝起来也会觉得很有趣。

菜肴本身没有突兀之感，和店里宁静安详的气氛相得益彰，都是让人吃了感到放松愉悦的东西。

1. 东盖饭，使用蓝鳍金枪鱼（图片为惠山产）的中腹经过腌渍制成的盖饭，午餐时段还供应4种海鲜的三色半盖饭，售价2940日元。2. 海鳗与松茸锅是夏季的限定产品，松茸的香气与海鳗肉的甘甜浑然一体，季节感十足。3. 冬季限定产品鰤鱼涮锅，只要产自富山县冰见地区的鰤鱼一上市就可以品尝到这道菜，鰤鱼肥美的脂肪很容易溶解在汤汁中，对身体健康有益（以上4种料理均为1人份）。4. 总是说着“不知道点哪道菜时就尽管问我”的渡边先生。5. 朴素整洁的店面，只设有吧台位和普通桌席。

菜单

甘鲷烩饭·鰤鱼涮锅	各2100日元
东盖饭·海鳗松茸锅·虎鱼唐扬	各2625日元
烧红鲷鱼头	3150日元
刺身三拼	4200日元
每月套餐	15750日元
“金冠大关”本酿造180毫升	840日元
“八海山”本酿造180毫升	1260日元
“金田中原创”竹器装	1050日元
烧酒 杯	630日元起
啤酒 中瓶	840日元

✆ 03-3289-8822

住 中央区银座7-6-16 银座金田中大厦2F

交 地铁银座站B5出口步行5分钟

营 11时50分～14时（点单截止）、17时30分～22时（点单截止）

休 周日、节假日

座位 21个 包间 无

服务费 仅晚间10%

吸烟 可 预约 可 刷卡 可

富含油脂的九绘鱼火锅配菜丰富（图为 2 人份），还配上自制的橙子醋和三种佐料

（とさりょうり ねぼけ ぎんざてん）

土佐料理 祢保希 银座店

石斑鱼从原产地直送到店

土佐乡土料理

昭和 55 年（1980 年）开业以来，这家规模不小的餐厅一直经营土佐料理，店内装潢保留着老式民居的风貌，食客们坐在日式榻榻米座席上用餐，招牌美食是豪爽的超大盘海鲜料理。另有用特质汤汁加入小须鲸的鲸肉和鲸鱼舌头制成的火锅料理，也是非常有名的。

近来还有一款招牌菜，就是鱼肉为白色、因为丰富的脂肪备受食客喜爱的九绘鱼。虽然一开始没这么受欢迎，但现在可以说是人气飙升，甚至渔获量都开始减少了。该店在东五岛周边用一本钓（译注：用钓竿直接钓）方式捕获石斑鱼，然后放在长崎县的网箱饲养，这就确保了稳定的货源。由于九绘鱼体形较大，放血就成了很重要的工序，据说在长崎制造网箱的人在九绘鱼原产地的长崎就已经是这方面的专家了。

要想品尝九绘鱼的丰富口感，火锅是个不错的选择。即便只是几个人小聚，也有足够的单品菜肴可供选择。这个冬天不妨就来尝尝九绘鱼吧。

1. 肉质丰腴紧致、味道浓郁的薄切九绘鱼刺身加鱼皮（图为 1 人份），分量正好。2. 胶质和脂肪丰富的炸九绘鱼皮，咀嚼起来香甜的脂肪在口中流转绵延。3. 拌九绘鱼肉和肝脏，鱼肝特有的香味更凸显出鱼肉的甘甜。4. 将青花鱼棒寿司和寿司饭一起烤制而成的烤青花鱼棒寿司，鱼的脂肪被米饭充分吸收。5. 这条九绘鱼来自五岛，体重 21 千克算中等体形。6. 四楼的榻榻米式宴会厅，隔成松、竹、梅 3 个包间。

菜单

九绘鱼锅 2 人份起	1 人 7350 日元
九绘鱼薄切刺身	2800 日元
油炸九绘鱼皮	700 日元
凉拌九绘鱼肝	1500 日元
烤青花鱼棒寿司	1300 日元
土佐风宴会套餐	6000 ～ 8500 日元
大盘料理（套餐）	6000 ～ 10000 日元
“土佐鹤”温酒 壶	700 日元
“土佐鹤”本酿造 300 毫升	1300 日元
“醉鲸”纯米吟酿 300 毫升	1600 日元
烧酒	杯 550 日元起・瓶 3500 日元起
啤酒 中瓶	680 日元

✆ 03-3572-9640

住 中央区银座 7-6-8 西五番街通

交 JR 新桥站银座口或地铁银座站 B3、B5 出口步行 1 分钟

营 17 时～22 时 30 分（21 时 30 分点单截止）* 周六 16～22 时（21 时点单截止）

休 周日、节假日

座位 144 个　包间 16 个（可坐约 100 人，无包间费）　服务费 10%

吸烟 可　预约 可　刷卡 可

本店开业之初就有的鲽鱼配萝卜泥，浇上出汁、白萝卜泥的油炸鲽鱼香气四溢

本店滨作（ほんてんはまさく）

吧台式割烹料理店的老字号餐厅

关西割烹料理

这家店是大正 13 年（1924 年）、现任第三代店主盐见彰英先生的祖父母在大阪新町创建的，4 年后也就是昭和 3 年（1928 年）迁至银座。作为东京最早的吧台日式餐厅，在顾客眼前制作料理这种新奇的操作获得了好评，再加上菜肴本身的好味道，连续数日宾客盈门，其中不乏白洲次郎、川口松太郎等精通美食的名人。现在的店铺是昭和 53 年（1978 年）重建的。外墙是以纵向木质格栅装饰的纯和风建筑，与周围那些结构精巧的店铺不同，彰显出威严的气派。

盐见先生说：“因为是在自己的土地、自己的房子里经营，所以才能用如此实惠的价格提供这样的料理。”食材来自合作多年的专营店，只少量采购那些最高级的纯天然食材，当天用完。午餐和晚餐的菜单是一样的，可以把点菜选择权交给店家，也可以选择自己喜欢的，尽享传统的滋味。

1

2

1. 将梭子蟹的蟹肉、香菇、鸭儿芹、蛋黄混合在一起做馅料，制成炸蟹宝（梭子蟹缺货时改用雪蟹等食材，价格以时价为准），很多人吃了一次后念念不忘。2. 带有独特甜味的虎鱼薄切刺身口感高级，一年四季都可享用，搭配鱼肝和鱼胃，淋上橙子醋更添清爽。3. 在传统透明厨房工作着的盐见先生（右）。4. 一楼透明厨房前的吧台，另有两张大桌，空间宽敞。

3

4

菜单

萝卜泥炖鲽鱼·旨煮鲽鱼 / 萝卜泥炖虎鱼·旨煮虎鱼 ………… 各 5250 日元
虎鱼薄切刺身 ………… 6300 日元
炸蟹宝·蒸甘鲷 ………… 各 5250 日元
盐烤鲽鱼·盐烤鲅鱼·盐烤大虾 … 各 3150 日元
套餐 ………… 22050 日元起
甲鱼粥·海苔茶泡饭 ………… 各 1575 日元
鲷鱼茶泡饭·天妇罗茶泡饭 …… 各 3675 日元
“白鹿”温酒 壶 ………… 840 日元
“八海山”冷酒 壶 ………… 1575 日元
烧酒 杯 ………… 735 日元起
啤酒 中瓶 ………… 840 日元

✆ 03-3571-2031
住 中央区银座 7-7-4
交 地铁银座站 A2 出口步行 4 分钟
营 11 时 30 分～13 时 30 分（13 时点单截止）、17～22 时（21 时点单截止）
休 周日、节假日
座位 60 个　包间 8 个（可坐 40 人，无包间费）
服务费 仅榻榻米座位 10%　吸烟 可　预约 可　刷卡 可

用琵琶湖出产的活香鱼制作的土锅饭（仅花套餐有售，图为 2 ~ 3 人份）

饱含店家心意的美妙料理

银座 和久多（ぎんざ わくた）

怀石料理

店主亀山昌和先生长相酷似某位帅气风趣的著名演员，他最关心的是食材的新鲜度，对产地并不过分纠结，食材大都是从以筑地为主的可靠店铺采购。说到烹饪，无论如何都是刚出锅的最好。尽可能达到“热食要趁热吃，冷食要趁冰凉吃”，亀山先生笑着说：“这都是理所当然的事情”，但每一道料理都做到这一点才是真功夫。

鲇鱼土锅饭充分利用了活香鱼娇嫩的特性，香气四溢，涮锅里的竹笋、蕨菜就好像在呼吸一样，传递出大山的生命力。以霜烧（译注：刺身带皮一面烤至焦酥，再用冰块迅速冷却）手法加工的海鳗带来了大海的丰饶味道，甚至可以用充满力量这样的词汇来形容。

不知是店主的人品还是修习的恩赐，这些和多久出品的料理带着稳重、典雅的气质，没有花枝招展的装饰却仍然出彩。随便哪一天或者挑一个晴朗日子过来尝尝，这里的食物永远是尽心尽力之作。

1

1. 产自淡路岛的海鳗蘸上梅子酱油制成的海鳗烧霜刺身（月、花两种套餐，图为1人份），肉质紧实有嚼劲。2. 月、花两种套餐中都有的金目鲷和京竹笋的涮锅，汤汁的清爽让食材本身的味道更加突出，挑不出缺点（图为1人份）。3. 作为前菜的芝麻酱拌章鱼，味道清淡但是回味悠长。 4. 正在工作的龟山先生就是认真之人。 5. 以原木色和淡褐色为主色调的店内气氛明快，与菜肴的色味相互映衬。

2

3

4

5

菜单

怀石月套餐 ······ 10500 日元
怀石花套餐 ······ 13650 日元
主厨套餐 ······ 15750 日元
午间怀石月套餐 ······ 5250 日元
午间怀石花套餐 ······ 7350 日元
〈午间〉缘高便当 ······ 2100 日元
〈午间〉缘高套餐 ······ 3600 日元
“黑龙”逸品 180 毫升 ······ 950 日元
“菊姬”山废纯米酒 180 毫升 ······ 1260 日元
“王禄”纯米 溪 无过滤 180 毫升 ··· 1800 日元
烧酒 杯 ······ 840 日元起
生啤 ······ 小 500 日元・大 750 日元

✆ 03-6215-8018
住 中央区银座 7-8-16 Sunrise 大厦 2F
交 地铁银座站 A2 出口步行 5 分钟
营 11 时 30 分～14 时 30 分（13 时 30 分点单截止）、18 时～22 时 30 分（21 时点单截止）
休 周日、节假日 座位 18 个 包间 1 个（可坐 6 人，无包间费）
服务费 晚间 10% 吸烟 白天全店禁烟，晚间只有吧台禁烟
预约 可 刷卡 可

晚间主厨套餐，严选食材加工的寿司荟萃一堂，器皿是鲁山人制作的浅盘

银座 久兵卫（ぎんざ きゅうべえ）

不惜赌上声誉和招牌制作的寿司

寿司

在高级餐厅百花争艳的银座金春通上有一家拥有五层楼的（五层皆为客席）餐厅。这栋建筑曾经荣获东京建筑奖优秀奖和日本建筑师联合会优秀奖，所以很难单纯将其称为一家寿司店，或许叫作寿司城堡更能传递出那种意境。

久兵卫创业于昭和10年(1935年),是由现在的店主、第二代传人今田洋辅先生的父亲今田涛治先生最先在西银座开门迎客的。据说久兵卫这个名字是涛治先生的爱称。曾经被北大路鲁山人（译注：日本艺术家）叫作“一心太助”（译注：文艺作品中的虚构人物，为人厚道）的涛治先生身上的气质也被后人完美地继承了下来。不惜工本追求第一流食材的精神是立店之本，也是料理人的颜面所在。即便是采购这一类的活计，越是例行公事越不能偷懒。大事小事都不疏忽，可以说久兵卫这个字号本身就是对这一信念的传承。

1. 图片中方形盘子左下角是店家自制的乌鱼子 2000 日元，左上角是蛤蜊的斧足 1200 日元，烤串分别是葱段鸡肉和星鳗的肝脏各 300 日元，图片右下方是加入香葱的橙子醋做蘸料。2. 在一楼的吧台制作握寿司的店主，平时温和，一开始工作就严肃起来。3. 二楼选用了下沉式榻榻米的吧台座，巨大的壁龛装饰成客厅的感觉，整体走雅致的纯和风路线。4. 四楼设有展出鲁山人作品的迷你展厅。5. 声称“我们出售的是活力、精髓、意气”的店主。

菜单

〈午间〉寿司饭：志野 ………… 4200～6300 日元
/ 织部 ……………………………… 5775～7875 日元
寿司：志野 ………………………… 4200～6300 日元
/ 织部 ……………………………… 5775～7875 日元
/ 主厨套餐 ……………………… 8400～10500 日元
〈晚间〉主厨套餐 ……………………… 10500 日元

鮨怀石：信乐 …… 5750 日元 / 伊贺
…………………………………………… 18900 日元
“新政”“桃之滴”“红满作” 300 毫升
…………………………………………… 各 1500 日元
烧酒 ………… 杯 600 日元起・瓶 6000 日元起
啤酒 中瓶 ………………………………… 800 日元

✆ 03-3571-6523
住 中央区银座 8-7-6
交 地铁新桥站 3 出口步行 2 分钟，JR 新桥站银座口步行 5 分钟
营 11 时 30 分～14 时（13 时 40 分点单截止）、17～22 时（21 时 30 分点单截止） 休 周日、节假日
座位 110 个 包间 7 个（可坐 60 人，包间费 8400 日元起）
服务费 10%＊白天吧台座无服务费 吸烟 部分禁烟
预约 可＊建议预约 刷卡 可

最高级的虎河豚鱼刺身分量十足，享受鱼肉和鱼皮的双重滋味（图为 2 人份）

最重要的是拥有『款待』之心

银座 鸣门（ぎんざ なると）

河豚料理

昭和 8 年（1933 年）创业之初便在此地开店的鸣门，是银座知名的老字号河豚料理餐厅。第三代店主矢向直人先生在继承祖辈和父辈传统的基础上进一步磨炼技艺，自己亲手加工河豚。

只使用由下关最大的河豚批发商严选的最高级别天然虎河豚，交给店主手下曾经在下关学习三位熟悉河豚的资深厨师负责加工。

多年以来，店家对品质的追求已经成为习惯，确保食材无可挑剔。身为专做河豚料理的餐厅积累了雄厚的实力，从吊汤开始就与别家的味道不同。食客从中不难发现长年在银座经营餐厅的自豪感。所以我想在此强调店主的一句话："料理本身自不待言，但我最看重的还是对客人的那份'款待'之心。"

1

2

3

4

1. 以鱼骨为主要食材的什锦火锅（图为 2 人份），还加入了香菇、葱等蔬菜，火锅专用的年糕是店家自制的。2. 用竹篮盛放的炸河豚是好选择，把鱼肉或鱼下巴炸得酥脆，吃的时候最好撒上柠檬汁。3. 位于五楼的菊之间可以透过雪见障子看到阳台上的小型庭院，是更适合成熟人士的素雅风格。4. 鱼冻彰显河豚专卖店吊汤功力，不使用明胶，只用鱼皮和调味料熬制。

菜单

河豚套餐：前菜・刺身・什锦咸粥 … 22050 日元

〈追加〉刺身 … 11550 日元 / 什锦火锅 …… 7350 日元 / 盐烤鱼白・炸鱼白 …… 各 4725 日元 / 鱼冻 …… 840 日元

〈午餐〉刺身定食・天妇罗定食 …… 各 1000 日元 / 柳川锅（以泥鳅为主要食材的炖锅）・鱼骨烧白萝卜定食・味噌炖青花鱼定食 …… 各 900 日元

“樱正宗”壶 …… 840 日元

鳍酒 …… 1365 日元

烧酒 瓶装 …… 7350 日元起（按分量卖）

生啤 杯 …… 735 日元

✆ 03-3571-5338

住 中央区银座 8-10-16

交 JR 新桥站银座口、地铁新桥站 1 出口步行各 5 分钟或地铁银座站 A3 出口步行 6 分钟 营 11 时 30 分～14 时（13 时 30 分点单截止），17～22 时（20 时 30 分点单截止） 休 10 月～次年 3 月周日、节假日，4～9 月周六、周日、节假日 * 基本上只在 10 月～次年 3 月销售河豚

座位 35 个 包间 4 个（可坐 16 人，无包间费） 服务费 10% 吸烟 可

预约 需提前两天预约 刷卡 可

作为套餐收尾的鲷鱼茶泡饭，可以用鲷鱼蘸麻酱汁做刺身食用，也能放在米饭里做茶泡饭

充满季节感的料理之美

银座 浅见（ぎんざ あさみ）

日本料理

白天不仅有各种超值的午餐，还有不逊于晚餐的各种套餐料理可以选择，晚间则只有主厨推荐套餐了。除了全年都能吃到的招牌鲷鱼茶泡饭之外，更有充满季节感和带来丰富视觉体验的意外惊喜——如图所示，细腻美观又勾人食欲的各色料理（右页的三道菜出自早春菜单）。

店主浅见健二先生的信念就是发挥食材的原汁原味，尽可能简化加工程序，把现做的料理立刻送到客人面前。所以当天从筑地市场采购的海产品必须当天用完。

餐厅虽然坐落在银座，但是距离繁华的商业街尚有一段距离，算不上好地段。即便如此还是整日宾客盈门，从前菜到甜点，所有的料理都是店家费时费工的心血之作，每一道菜都让客人沉浸在幸福的氛围中。餐厅所在的古朴建筑是日本国宝级的三味线演奏家常磐津文字兵卫的住所兼排练场。由于这个原因，很多著名的歌舞伎演员也常来店里光顾。

1. 前菜拼盘包括鲷鱼粽叶寿司、艳煮大虾、山药配笔头菜，都是洋溢着春天气息的菜品。2. 裙带菜、蜂斗菜、花椒清炖六线鱼，也是感知春天的一道菜。3. 搭配了刺龙牙、蜂斗菜佃煮的花椒烤樱鳟从味觉和嗅觉上，都体现了春天的精髓（上述料理均来自主厨套餐）。4. 开朗的浅见先生带着平民子弟特有的亲切感。5. 原木色的吧台座位洁净一新，店内简洁的氛围带来好心情。

菜单

主厨推荐套餐：先付 3 品・前菜・刺身・清汤・凌・烧物・煮物拼盘・主食・点心 ······ 103650 日元
〈午餐〉鲷鱼茶泡饭套餐 ······ 1500 日元 / 缘高便当 ······ 2500 日元 / 鲷鱼茶泡饭便当 ······ 3500 日元
午间套餐当 ······ 8400 日元
"浦霞"本酿造 180 毫升 ······ 840 日元
"菊姬"山废纯米 180 毫升 ······ 1575 日元
烧酒 ······ 杯 840 日元起・瓶 8400 日元起
啤酒 中瓶 ······ 840 日元

✆ 03-5565-1606
住 中央区银座 8-16-6 常磐木馆 1F
交 地铁筑地市场站 A3 出口步行 5 分钟、JR 新桥站银座口或地铁东银座站 4 出口步行各 8 分钟
营 11 时 30 分～14 时（点单截止）、17～22 时（21 时 30 分点单截止）
休 周日、节假日
座位 28 个 包间 3 个（可坐 18 人，无包间费） 服务费 晚间 10%
吸烟 只有吧台座不可 预约 需预约 刷卡 可

酒蒸长尾滨鲷鱼头（2 人份）3000 日元，用昆布、酒和出汁烧制出清淡高级的口味

船长捕获数量颇丰的海岛鱼类

八丈岛 优希丸 银座总店

（はちじょうじま ゆうきまる ぎんざほんてん）

八丈岛料理

出生在八丈岛的店主服部优希也是渔船“第三友喜”号的船长，所以在这家店里可以品尝到大量船长亲自从八丈岛周边海域捕获到的新鲜海岛鱼。每一条鱼都在最鲜美的时候，以最适合的料理方式（比如生吃或是红烧）加工后呈现给食客，这正是渔民最擅长的优势。甚至是从鱼胃、鱼皮或者烤鱼骨这些菜品也可以想象得出，由于充分利用了一整条鱼做料理，所以即便是纯天然的高级鱼类，价格也并没有高得离谱，这一点很让人开心。

但是翻车鱼肠、鱼胃这些究竟是什么东西？青鲷、汐子这些又是什么鱼？如果还有其他关于料理名称和海岛鱼方面想要了解的信息，店里的工作人员都会耐心告诉您的。

玄关处下方左右两边分别有红色和绿色的舷灯，如果两盏灯亮着就说明优希丸正在营业中。

1. 船长用小捞网捕获的飞鱼，又亲自劈开风干、加工成鱼干，售价 2700 日元，长约 30 厘米。2. 橙子醋拌翻车鱼肠和鱼胃。3. 2 人份的海岛鱼刺身拼盘，最中间是鲣鱼，左下角开始按顺时针方向依次为长尾滨鲷、三线鸡鱼、青鲷、汐子、黑鲑鱼，蘸料用岛产的辣椒和酱油代替山葵。4. 餐厅著名的午餐定食、金枪鱼白萝卜炖煮 1260 日元 5. 2008 年开业的店铺弥漫着木头的香味。

菜单

刺身 每日更换：7 种刺身拼盘 * 2 人份 ……… 3675 日元 / 蓝鳍金枪鱼 … 2800 日元 / 长尾滨鲷 … 2500 日元 / 青鲷・汐子・三线鸡鱼 … 各 2000 日元
橙子醋拌翻车鱼肠 ……… 1260 日元
橙子醋拌鱼胃 ……… 945 日元
橙子醋拌鱼皮 ……… 735 日元
当日烤白身鱼鱼骨 ……… 2415 日元起
岛寿司 ……… 840 日元
“神龟”本酿造 180 毫升 / 壶 …… 945 日元
“杉锦”山废纯米 180 毫升 / 壶 … 1260 日元
岛烧酒 … 杯 630 日元起・360 毫升 1575 日元起
啤酒 大瓶 ……… 840 日元

✆ 03-3574-8989
住 中央区银座 8-9-15 Jewel Box 银座 7F
交 地铁新桥站 1 出口步行 3 分钟或地铁银座站 A3 出口步行 5 分钟
营 11 时 30 分～14 时（点单截止）、17 时 30 分～22 时（点单截止）
* 周六、节假日 21 时（点单截止）
休 周日　座位 100 个　包间 12 个（可坐 75 人，无包间费）
服务费 无（座位费每人 840 日元）
吸烟 仅吧台不可　预约 可　刷卡 可

能登朝捕刺身拼盘（随季节更换，2 人份），包括甜虾、凤螺、鰤鱼、赤鯥等能登海产

能登半岛 时代屋

（のとはんとうじだいや）

品尝能登本地味道一样的地方好酒

能登海鲜料理

在品尝多姿多彩的能登料理的同时，这家店还可以享用到同样丰富的当地酒。绝大部分食材，尤其是主打的鱼类和贝类，100% 都是从能登空运而来。因为和供货商有着多年的信赖关系，店主进货比较方便，比方说采购的鰤鱼只要带骨头的半边，而且进货的量很少，卖完就不供应了。按照店主古田浩人先生的说法，如果食材放到明天继续用，那每天将一早捕捞出海的食材赶在当天空运过来还有什么意义呢？

据说能登的鱼类和贝类，还有能登加贺出产的传统蔬菜品质尤其高。所以古田先生的信条就是要完美重现食材在原产地时的样子，无论是新鲜程度还是料理方式，就好像在能登吃到的一样。以能登为首的石川县出产的当地酒品种也很丰富，因为原本“要做出搭配好酒的料理”。

店里七八成的客人都是提前预约，而且几乎都是老顾客，基本上预约时就已决定好菜品，因此晚餐会有不少菜品已经沽清。

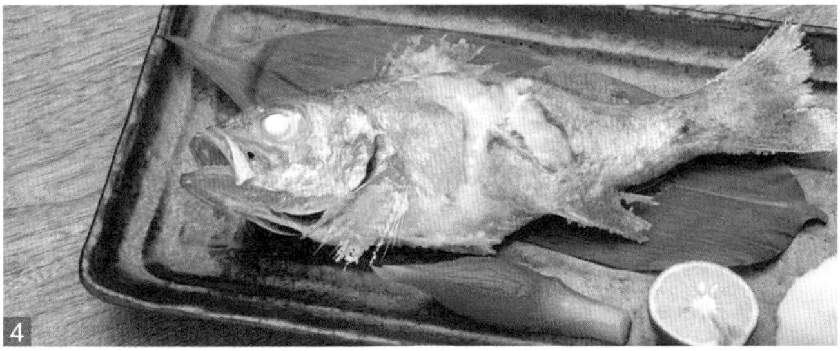

1. 能登牡蛎配铜藻鱼酱锅（鱼酱是用墨鱼的鱼肠制作的），图为2人份，主材是能登中岛的牡蛎，此外加入了铜藻等多种能登本地的配菜，是一道乡土气息浓郁的锅物料理。2. 以凉拌橡皮鱼鱼肝做下酒菜搭配能登引以为豪的当地酒，左起开始为“末广”杜梦、“宗玄”大吟金赏酒、“手取川”大吟金赏酒。3. 对能登爱得深沉的古田先生。4. 烤赤鯥（约200克）上洒点柠檬汁，清香爽口，售价约3000日元。5. 地下一层的下挖式地炉座席，舒适且气氛好。

菜单

能登朝捕刺身拼盘 ……………………… 3000日元
能登牡蛎配铜藻鱼酱锅2人份 …… 2200日元
烤赤鯥 ……………………………………… 2600日元起
凉拌橡皮鱼鱼肝限定品 ……………… 1500日元
米糠腌沙丁鱼 生食·烤 …………… 各750日元
“朱鹭之里”特别纯米 杯 …………… 650日元
“常机嫌”山废纯米 杯 ……………… 800日元
“竹叶”能登纯米 杯 ………………… 800日元
“能登末广”大吟 杯 ………………… 1200日元
烧酒 …………… 杯650日元·瓶3300日元起
啤酒 中瓶·生啤 中瓶 …………… 各650日元

✆ 03-3574-0252
住 中央区银座5-10-11 川岛大厦1F、B1F
交 地铁银座站A5出口步行2分钟
营 17～23时（22时点单截止）*周六至22时（21时点单截止）
休 周日、节假日*有时周六公休
座位 31个　包间 无
服务费 10%　吸烟 一楼吧台座不可
预约 可　刷卡 可

厚切河豚鱼片的豪华什锦火锅（图为 2 人份），最后熬成杂烩粥口感丰润，令店家引以为豪

让人可以大快朵颐的终极河豚料理

河豚 福治（ふぐ ふくじ）

河豚料理

这家店选用的河豚，都是从在水流速度很快的丰后水道中用一本钓捕获的纯天然虎河豚，而且是经常捕食明虾导致肉质颜色偏粉、口味偏甜的“海底河豚”，属于从原产地直接进货的一流食材。店主矢菅健先生说，吃了全日本那么多的河豚，终于让他找到了这一种。

曾经在飞驒高山学习素食料理，在大阪学习河豚料理，又到东京学习日本料理，在各地积累了丰富经验的店主，用深厚的刀功把顶级食材创作出各色河豚料理，每天晚上都让那些老饕们赞不绝口。店主说：“吃河豚不是什么高级的事情，刺身暂且不论，什锦火锅一定要大快朵颐才好。”

如他所说，如果用手抓着烤河豚大口咬下去的话，骨头周围的肉扎实有嚼劲，还能品出些许回甜，丰富而浓烈的香味充盈着整个口腔。

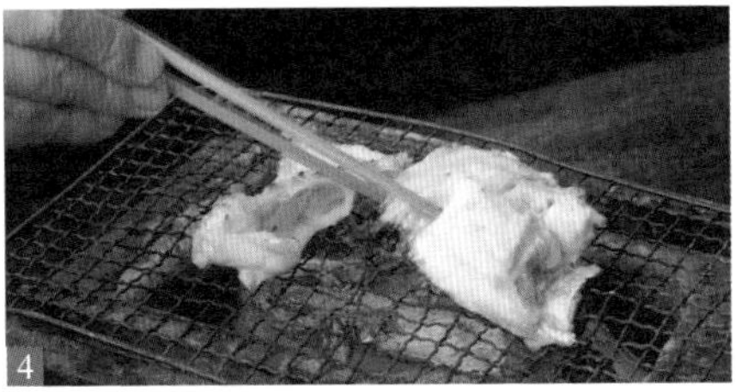

1. 河豚生鱼片（图为 2 人份），使用纯天然材料自制的橙子醋，挤上柠檬汁或是蘸盐食用都可以。2. 后排右起为矢菅先生、厨师佐藤先生，前排右起为三女儿麻理子、妻子寿惠夫人和店员矢部。3. 以黑色为主色调，充满高级感的店面有着成熟神秘的装饰风格。4. 烤河豚是将河豚鱼块撒盐、用备长炭烤制，吃的时候洒上柠檬汁。5. 一口咬下去，热腾腾、甜丝丝又带有黏腻口感的烤白子。

菜单

河豚刺身・河豚火锅・河豚涮锅 ……………… 各 12600 日元
炸河豚・烤河豚 ……………… 各 8400 日元
烤白子 ……………… 时价（5250 ~ 10500 日元）
氽河豚鱼片 ……………… 5250 日元
河豚鱼皮刺身 ……………… 3150 日元
套餐 ……………… 竹 27300 日元・松 34650 日元
河豚鱼鳍酒 ……… 1260 日元（续杯 630 日元）
白子酒 ……………… 4200 日元
"八海山" 温酒 180 毫升 ……………… 735 日元
烧酒 芋・麦 ……… 杯各 840 日元起・瓶各 4725 日元起

✆ 03-5148-2922
住 中央区银座 5-11-13 幸田大厦 3F
交 地铁银座站 A5 出口步行 2 分钟
营 17～23 时（21 时 30 分点单截止）
休 4～10 月周六、周日、节假日休，11 月～次年 3 月基本午休＊河豚供应季节为 10 月～次年 4 月
座位 30 个 包间 5 个（可坐 20 人，无包间费）
服务费 10% 吸烟 可 预约 可 刷卡 可

从牡蛎养殖筏直送到店的“广岛”牡蛎新鲜带壳、富有弹性，丰沛的潮水带来大自然的馈赠

自家牡蛎带有新鲜和安全的证书

银座 金轮（ぎんざ かなわ）

生蚝·鲜鱼料理

这家餐厅是由广岛县的牡蛎养殖和销售企业金轮经营的，使用的鱼类和贝类食材几乎都是每天从广岛直送到店。其中的牡蛎更是以“金轮”这个品牌而广为人知。

在广岛，牡蛎养殖区域是分成生食牡蛎和熟食牡蛎的。金轮公司在生食牡蛎养殖海域（广岛县指定洁净海域）中水质最佳的大黑神岛附近海域安放了养殖筏，从幼贝阶段开始就由公司负责，餐厅使用的带壳生牡蛎和炸制、烤制的牡蛎都是用这款生食牡蛎，不仅味道和新鲜度有保障，而且更安全、放心，是这家店的牡蛎的优势所在。

饱餐一顿品种丰富的牡蛎料理，最后以鲷鱼饭收尾，是在这家店常见的吃法。牡蛎套餐或者带鲷鱼饭的套餐一共五种，价格从 4500 日元起不等。

1. 鲜嫩欲滴、口感超赞的小沙丁鱼刺身（图为2人份），小沙丁鱼由广岛直送。2. 星鳗寿喜锅（图为2人份）里使用的星鳗也产自广岛，先拍上粳米粉，下锅炸制酥脆再食用，这一点很有意思。3. 开放式的餐厅布局，食客可以安心用餐。4. 以总厨师长植木武先生（前排左）领军的团队都是年轻人。5、6. 广岛产的天然真鲷，做成了松软的鲷鱼饭，鱼肉拆碎拌饭吃。

菜单

- 带壳牡蛎“广岛”1个 …… 520日元
- 烤牡蛎3个 …… 1750日元
- 牡蛎土手锅 …… 3000日元
- 小沙丁鱼刺身 …… 1150日元
- 鲷鱼饭 …… 中份3200日元・大份4200日元
- 星鳗寿喜烧 …… 2700日元
- 星鳗寿喜烧盖饭（广岛星鳗）…… 950日元
- 炸牡蛎定食 炸牡蛎5只 …… 1100日元
- “贺茂鹤”180毫升 …… 530日元
- “贺茂鹤”纯米300毫升 …… 1300日元
- 烧酒 …… 杯530日元起・瓶2730日元
- 啤酒 中瓶 …… 570日元

✆ 03-3572-2325

住 中央区银座5-2-1 东芝大厦B2F

交 地铁银座站C2、C3出口步行各1分钟

营 11时30分～14时30分、17～22时（21时点单截止）＊周六、节假日11时30分～16时、17～21时（20时点单截止），11月～次年3月的周日16～21时（20时点单截止）

休 4～10月的周日　座位 32个　包间 无

服务费 晚间10%　吸烟 可　预约 可　刷卡 可

蟹肉刺身三拼，从前到后依次为帝王蟹、雪蟹、毛蟹，都是入口即化的美味

一道料理尽享三种螃蟹的美味

银座 江岛（ぎんざ えじま）

螃蟹料理

这是一家昭和61年（1986年）在银座开业的专做螃蟹料理的餐厅。充满高级感的店用刺身、蒸和烤等烹调手法，让您品尝到雪蟹、毛蟹、帝王蟹这三种日本著名的螃蟹美味。如果您担心吃螃蟹不上手很难吃到肉或者不小心弄脏衣服的话，在这里请尽管放心，不愧是在银座的餐厅，他们的宗旨就是制作“用筷子吃的螃蟹”，您甚至不需要吮吸螃蟹，完全可以用筷子优雅大方地品尝。

毛蟹是从钏路每日空运过来的活蟹，先放在店内的海水缸中饲养。雪蟹也都是活的，每一只都会佩戴原产地证明标识，多来自岛根县和福井县。

按照店家的推荐，毛蟹适合煮食，帝王蟹适合烤着吃，其次是生食。雪蟹可以涮着吃或者生吃。偶尔不妨奢侈一回，去尝尝人气最旺的煮毛蟹如何呢？

1. 整整一只煮毛蟹，对螃蟹控来说应该是终极憧憬，蟹肉撒上味噌酱，醍醐灌顶般的滋味妙不可言。2. 摆盘华丽的雪蟹沙拉，冰上覆盖着高丽菜丝和奶油酱汁，再上面是百分之百的雪蟹肉。3. 好酒配好器，图中为江户切子工艺烧制的酒盅，图中左起为諏訪泉大吟酿 7000 日元、西之关纯米吟酿 8000 日元、男山纯米大吟酿 12000 日元。4. 包间宽敞舒适，气氛宁静。5. 一进店，左手边是饲养毛蟹的海水池，有流水声。6. 蟹肉寿司使用雪蟹肉，米饭是醋拌饭，口感和外观都很受欢迎。

菜单

蟹肉刺身拼盘 ………… 6500 日元
雪蟹沙拉 ………… 1200 日元
煮毛蟹 ………… 8400 日元
蟹肉寿司 ………… 1800 日元
烤蟹 雪蟹・帝王蟹 ………… 各 5800 日元
螃蟹宴・凤 ………… 10500 日元
涮锅宴 ………… 10500 日元起
"八海山"本酿造 180 毫升 ………… 1200 日元
"菊姬"吟酿 180 毫升 ………… 1800 日元
"醉鲸"纯米吟酿 720 毫升 ………… 5800 日元
烧酒 双份 ………… 780 日元
啤酒 中瓶 ………… 900 日元

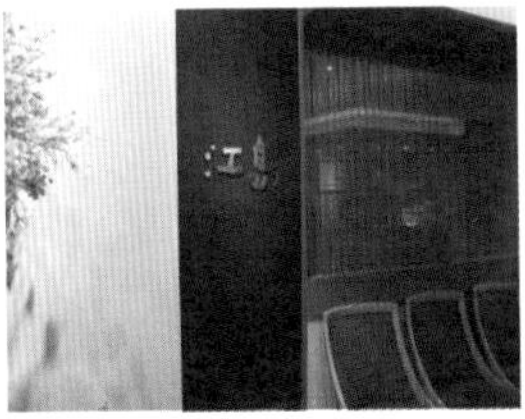

✆ 03-3535-3131
住 中央区银座 3-5-4 十字屋大厦 4F
交 地铁银座站 A13 出口步行 2 分钟
营 11 时 30 分～22 时（21 时点单截止）＊周六、周日、节假日 11～16 时、17 时～21 时 30 分（20 时 30 分点单截止）
休 无休 座位 72 个 包间 8 个（可坐 44 人，包间费白天 500 日元／人，晚间 1000 日元／人） 服务费 10% 吸烟 可＊桌席白天不可
预约 可＊包间只能预约白天时段 刷卡 可

来自套餐“响鲇竹明”，炙烤风干的香鱼搭配夏季蔬菜，更有腌香鱼肠和鱼酱酱汁

感受大分县丰饶物产的高级料理店

餐厅 坐来 大分

（レストラン ざらい おおいた）

大分乡土料理

店名的意思就是“坐享大分”，也就是说好像来到大分享受当地的料理和氛围。关竹荚鱼、关青花鱼、鲽鱼、海鳗、香鱼等，除了一小部分之外，店里使用的鱼类和贝类几乎都是从大分县直送过来的，蔬菜也是从签约农户那里采购的。进店后右手边是大分县特产的展示区。按照总厨师长梅原阵之辅先生的说法，比起大力推销大分县的特色，不如品尝料理之后才发现“啊，这就是大分啊”更有感觉。

虽然这么说，但是每一道料理都扎扎实实地体现出了大分的风情，而且在精致、文雅方面做到了极致，完全不输一流的怀石料理。大量使用大分出产的高级食材，随处摆放着古朴家具的店内布置，既静谧又显出好品位。再配上与料理合拍的各种地方名酒，很快就能让来自其他地方的人也感受到大分县丰饶物产的魅力。

1. 套餐中的关竹荚鱼琉球，顶级竹荚鱼油脂丰富甘甜，佐以酸橙汁提鲜鱼肉，有时也会用关青花鱼制作。2. 褐藻温饭，套餐中的一道菜，米饭拌上黄尾鲕与褐藻，倒上竹筒的出汁就可以大快朵颐。3. 左起的酒依次是为、杜谷、黑麴、泰明特蒸、鹰来屋纯米、八鹿源。4、5. 拥有傲人夜景的大堂和能看到开放式厨房的宽敞吧台。

菜单

套餐……丰海7500日元·丰山9500日元·坐来13000日元起
关竹荚鱼……3800日元
响鲇 竹明……1800日元
腌鱼盖饭……1800日元
褐藻温饭……1200日元
"鹰来屋"纯米180毫升……1200日元
"八鹿"纯米大吟酿源180毫升…1800日元
"西之关"秘藏古酒180毫升……2400日元
烧酒 杯……为·十杯各700日元/杜谷 黑麴·泰明 特蒸……各900日元
啤酒 小瓶……700日元

✆ 03-3563-0322
住 中央区银座2-2-2新西银座大厦8F
交 地铁银座一丁目站4出口步行1分钟或JR有乐町站京桥口步行2分钟
营 17时30分～23时（22时点单截止）
休 周日、节假日、每月第一个周六　座位 66个
包间 2个（可坐20人，无包间费）　服务费 10%
吸烟 不可　预约 可　刷卡 可

金枪鱼涮锅（图为 2 人份），摆盘优美的大眼金枪鱼鱼头肉 20 片，可以生食

菜单种类多到惊人的金枪鱼料理

银座 岬屋（ぎんざ みさきや）

金枪鱼料理

原本在麻布十番的金枪鱼专卖店，于平成 7 年（1995 年）搬到了现在的位置，平成 19 年（2007 年）经过改造变身为今天明亮的店面。室内装饰以素雅的白色为基调，与招牌料理金枪鱼的红色和粉色相互映照，越发美丽。厨师长东山仙秋先生曾经专门进修过会席料理，会席料理对配色和摆盘有着严格要求，所以能把金枪鱼料理制作得如此精致，摆盘也很优美，让人不知不觉睁大眼睛赞叹不已。

食材只选用天然野生金枪鱼，主要产自地中海，少部分来自日本近海。刺身主要由蓝鳍金枪鱼制作，此外还会根据不同的加工方式选择不同的品种，比如印度金枪鱼或者大眼金枪鱼。在不同的季节，也会选择青森县大间、北海道户井等地捕捞的蓝鳍金枪鱼。

店家对于金枪鱼的品种并不苛求，只要让食客以合适的价位享用到此时此刻最顶级的金枪鱼就好，是一家风格稳健又带给人安心感的餐厅。

1

1. 炙烤金枪鱼脑天（译注：头顶部位的肉），选用的是印度金枪鱼或蓝鳍金枪鱼，一定搭配日本酒食用。2. 腌渍过的金枪鱼脑天，金枪鱼肉用樱花木屑熏制成烟熏口味，是搭配烧酒和日本酒的下酒好菜。3. 东山先生是学会席料理出身的，从摆盘中便可窥见其精湛的技艺。4. 餐厅右边部分是白木色的吧台，面对着宽敞的操作间。5. 无论是做下饭菜还是下酒菜都很受欢迎的金枪鱼山药泥，充分拌匀后再倒上酱油，用海苔卷起来吃。

2

5

3

4

菜单

金枪鱼涮锅・炙烤金枪鱼脑天 …………………… 各 2100 日元
金枪鱼山药泥 …………………… 945 日元
烟熏金枪鱼 …………………… 840 日元
刺身 中腹 蓝鳍金枪鱼 …………………… 2940 日元
刺身 赤身 蓝鳍金枪鱼 …………………… 1575 日元

〈午餐〉金枪鱼双味盖饭・中腹盖饭 各 1000 日元 / 金枪鱼肉酱盖饭 … 1800 日元
“久保田 千寿” 300 毫升 ………… 1365 日元
“天狗舞”山废 300 毫升 ………… 1575 日元
烧酒 ………… 杯 525 日元起・瓶 3150 日元起
啤酒 中瓶 …………………… 630 日元起

✆ 03-3535-5639
住 中央区银座 2-2-4 三木大厦新馆 1F
交 地铁银座一丁目站 4 出口步行 2 分钟
营 11 时 30 分 ～ 15 时（点单截止）、17 ～ 23 时（22 时点单截止）
* 周六 12 ～ 21 时 30 分（21 时点单截止，午餐到 15 时）
休 周日、节假日 座位 44 个 包间 7 个（可坐 36 人，预约费 1000 日元）
服务费 晚间 5% 吸烟 吧台座和吧台座前的 3 个包间 13 时以前禁烟
预约 可 刷卡 仅可晚间使用

六种刺身拼盘（图为 3 人份），最中间为招牌刺身，每一种刺身附上小名牌

均是当日清早三浦海域捕获的鲜鱼

银座 鱼痴（ぎんざ うおばか）

地鱼料理

基于“我们的鱼只看中鲜度，不在乎品牌”的理念，除了活章鱼外，这家店的其他所有的鱼类和贝类均从以松轮为主的三浦半岛渔港进货。店家每日直接从渔港竞买鲜鱼，再用卡车送货到店，每次采购的品种有十二三种。餐厅的招牌菜“清早捕捞的三浦地鱼”（译注：当地出产的鱼类）就这样摆上了店头。另一道招牌菜使用的鲜活鱿鱼来自遍布日本的供货网，而且都是未经切割的整鱼。

掌刀的岩本美枝女士可是日本料理界罕见的女性主厨。面对巨大的枪乌贼，她只需使出五分力便可以做成精美的生鱼片，技艺非常了得。由于是原产地直送的鲜鱼，并不需要过多调味，如果是盐烤梭子鱼，也只需盐和柑橘来提味。

唯一的遗憾是白天不营业，据说是因为“鱼要等船，来不及供应午餐”。

1. 一整只不去肠的枪乌贼制作的生鱼片（4 人份），还带有鱼卵或白子，有时也使用长枪乌贼或赤鱿制作。2. 炖鲭带鱼（图为 3 人份），虽然这种鱼全年都能吃得到，但是秋冬时节最为肥美，身材和普通带鱼相近。3. 使用盐和醋轻微腌渍的青花鱼棒寿司（图为 3 人份），每一块的分量都不小。4. 地板、椅子、桌子均为纯木，毫无闭塞感的简洁室内装修，招牌正面的操作台就是女主厨的舞台。

菜单

当日主厨推荐套餐：刺身拼盘·烧物·煮物·一道主厨亲自制作的料理 ·········· 5000 日元
当日主厨推荐活鱿鱼套餐：上记 + 活鱿鱼刺身·炸物 ·········· 7000 日元
“喜久醉”特别本酿造 壶 ·········· 700 日元
“东一”纯米 壶 ·········· 800 日元
“田游琳”特别纯米 壶 ·········· 900 日元
烧酒 ·········· 杯 600 日元·瓶 4000 日元
啤酒 中瓶 ·········· 600 日元

✆ 03-3563-4100

住 中央区银座 2-2-19 藤间大厦 B1F
交 地铁银座一丁目站 4 出口即到或 JR 有乐町站京桥口步行 2 分钟
营 17 时 30 分～23 时 30 分（23 时点单截止）
休 周日、节假日　座位 42 个
包间 2 个（可坐 8 人，无包间费）
服务费 无　吸烟 可
预约 可＊最好预约　刷卡 可

若狭产的小甘鲷一夜干其实不小，散发出馥郁醇香

『什么时候吃什么是应季』的鲜鱼料理

安康鱼屋 高桥

（あんこうや たかはし）

鲜鱼食堂

虽然第三代店主高桥和良先生把自己的店叫作“做鱼的小食堂”，但亲眼见到料理并且品尝后就会发现，水平高到完全超乎想象，小食堂可是难以企及的。

这里的鱼都是来自渔业从业者素质很高的产地，每条鱼都经过了严格的筛选，大小统一。收拾鱼是店主父亲高桥胜先生的工作，鱼眼睛闪闪发光，鱼身也像打磨过一样泛着光亮，看着品相极好。为了让鲜度如此超群的美味在送到食客面前时也能保持良好的状态，和良先生在烹调过程中尽可能减少调味料的使用。今天吃到的就是应季的——秉持这种理念制作的料理让前来筑地进货的业内人士们也大呼过瘾。

高桥一家将精力都放在了安康鱼的制作上，因为食材使用的是日本顶级安康鱼，所以餐厅也用安康鱼屋来命名。只有在 11 月上旬到次年 2 月下旬才能吃到的炖安康鱼（电话预约）请一定要来尝试一下。

1. 摆盘漂亮的天然野生蓝鳍金枪鱼刺身，使用捕捞自境港的蓝鳍金枪鱼厚切中腹，丰富的脂肪入口即化，略带甘甜。2. 使用网走海域捕获的喜知次鱼因为新鲜就用来红烧，还搭配了用酒清蒸的鱼肝。3. 被称为“筑地食堂”的简朴的店内环境。4. 说着“小店接待不了太多客人”的高桥先生。5. 选用江户前超大号的星鳗半条，炖制酥烂，口感清淡，略带回甜。

1

2

3

4

菜单

小甘鲷一夜干	3000 日元
天然野生蓝鳍金枪鱼刺身	2500 日元
红烧喜知次	3000 日元
炖星鳗	800 日元
无备平鲉干烧·盐烤	各 2000 日元
红烧铫子金目鲷	1500 日元
红烧安康鱼（小份）	2500 日元
定食	单品 +300 日元
＊米饭·味噌汤·小钵·咸菜	
“神鹰”本酿造 180 毫升	400 日元
“菊正宗”本酿造 180 毫升	450 日元
啤酒 大瓶	600 日元

✆ 03-3541-1189
住 中央区筑地 5-2-18 号馆
交 地铁筑地市场站 A1 出口步行 3 分钟
营 8～13 时
休 周日、节假日和市场休息日
座位 11 个　包间 无
服务费 无　吸烟 不可
预约 不可　刷卡 不可

选用日本产的蓝鳍金枪鱼（图为宫崎县产）的鱼脖肉，用海苔卷着吃，分量多

鱼市职人也常来光顾的著名料理店

金升（かねます）

立食割烹

虽然只是一家小小的立食（译注：不设凳子）餐厅，但在鲜鱼市场相关从业者和一些喜欢美食的媒体人中间早就名声在外。因为开门和关门的时间都很早，如果是在夏天，傍晚天还亮着的时候，店里就几乎没有立足之地了，不过这也是习以为常的事情了。主要修习日本料理的店主前纳广太郎先生在昭和 36 年（1961 年）建起了这家店。

店主在客人面前施展刀工，这把菜刀因为长年使用几乎磨损到一只手就能握过来，他的长子洋一先生一边关注着火候的增减、烤物的状态，一边麻利地回应客人点的酒。客人们之间也相互照应帮忙递菜、拿酱油。

小小的菜刀、小小的操作间所制作出的料理每一样都让人惊叹，尽是卖相和口味兼具的极品。听旁边喝酒的一位在鱼市场工作的师傅说“那个虾就是从我们那进的货啊”，真是有意思。

1

2

3

4

1. 生豆皮汤的配料相当豪华，包括对虾、蒸鲍鱼、香菇、百合、豌豆荚，芡汁浓稠，配有红蓼、山葵。2. 将海鳗去骨，用水焯熟，搭配店家自制的梅子肉，鱼肉的滑嫩与梅子肉的爽口相当合拍。3. 以海葡萄打底，上面覆盖去皮的海带腌甘鲷，需要腌渍三四个小时让鱼肉肉质更嫩。4. 倾斜的吧台位尽可能多地容纳客人，这也是餐厅特有的待客之道。

菜单

金枪鱼 …… 1800 日元
海带腌甘鲷・鲍鱼刺身 …… 各 1800 日元
生海胆牛肉卷 …… 2000 日元
水焯海鳗・海鳗刺身・醋腌斑鰶・鲸肉刺身 …… 各 1500 日元
炖牛肉・味噌茄子 …… 各 1200 日元
豆皮汤・海鳗拌黄瓜 …… 各 800 日元
“幻之泷” 180ml 左右 …… 600 日元
Highball 酒 扎 …… 600 日元
Yebisu the hop 日本啤酒 …… 600 日元
生黑啤 扎 …… 600 日元

✆ 03-3531-8611
住 中央区胜哄 1-10-4（临时店）
交 地铁胜哄站 A4 口步行 1 分钟
营 16～20 时
休 周日、节假日＊其他时间不定期休息
座位 可容纳 17～18 人立食，无座位 包间 无
服务费 无 吸烟 可
预约 不可 刷卡 不可

以精美纹饰描绘祥瑞图案的大盘中，盛放着河豚鱼肉和鱼皮刺身（图为 2 人份）

吉星（きちせい）

装潢和餐具为料理增添了品质

河豚料理

在与热闹的甘酒横丁一街之隔的僻静小路对面，一根貌似路标的石柱上刻着“吉星”两字，栽植的一片高大竹子生长得很茂盛，坐落在这里的就是现代日式风格的吉星餐厅。夹在暗灰色与褐色两道墙壁中间的玄关入口虽然朴素，但符合怀石料理店的气质，体现出了没有过多装饰的高级感。

按照店主奥山武先生所说，他们家的理念就是追求“干净利落”的装修风格。白色的墙壁和天花板，黑色的桌椅，铺着黑色地砖和沙粒状的地面装饰，简约素雅但令人感到处处用心，与店铺的外观形成了协调之美。

店里使用的河豚主要产自濑户内海、丰后水道，从下关和筑地市场进货，而且都是野生天然食材而非人工养殖的品种。肉的甜度和弹牙感都经过了精确的计算，宰杀后要放置三天再食用。店家手工榨汁的橙子醋，与其他店相比甜味略淡，这种精益求精的操作，让美味成为该店一块看不见的金字招牌。

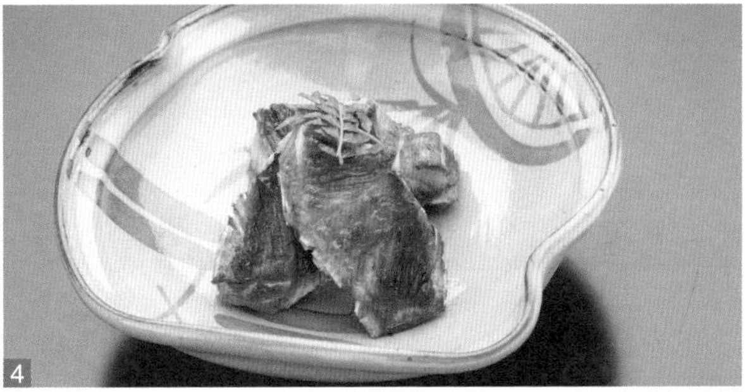

1. 装在黑漆描金的高级餐具中、用白味噌加工的清炖白子，点缀有绿色的小香葱。2. 以黑白两色为主色调的简约别致的包间装修。3. 正在吧台位正面的操作间里掌勺的奥山先生。4. 河豚鱼骨先以火烤，再刷上酒和酱油勾兑的酱汁继续烤出香味，上桌前撒上花椒芽，盘子是唐津陶器。5. 榻榻米上摆放桌椅，营造出日式客厅的感觉。

菜单

〈天然河豚料理〉河豚鱼火锅・河豚鱼涮锅……各 9450 日元 / 金枪鱼刺身・烤金枪鱼…各 8400 日元 / 炸河豚鱼块……4200 日元 / 烤河豚鱼骨……3675 日元 / 手鞠寿司……625 日元 / 皮冻……1575 日元

白子刺身……3675 日元

清炖白子……2625 日元

河豚套餐……17850～18900 日元

"菊正宗"180 毫升……735 日元

河豚鱼鳍酒……1575 日元

烧酒…杯 630 日元起・180 毫升 1050 日元起

啤酒 中瓶……840 日元起

✆ 03-3666-9779

住 中央区日本桥人形町 2-21-5

交 地铁人形町站 A1 出口步行 3 分钟

营 17～22 时（21 时点单截止）

休 周日、节假日 * 河豚只在 10 月到次年 4 月的第一周销售

座位 45 个 包间 7 个（可坐 40 人，无包间费）

服务费 无 吸烟 部分区域不可

预约 可 刷卡 可

大间町产的蓝鳍金枪鱼脖子肉和赤身、墨鱼、真鲷、盐煮和红烧星鳗制作的寿司套餐中的一道菜

实现了寿司与天妇罗的强强联合

寿司天妇罗 秋（すし てんぷら あき）

寿司・天妇罗

这家店最初由濑高明雄先生于昭和 45 年（1970 年）在东京本乡创立，一开始的名字叫“あき寿司”。之后在本乡地区也经历过搬迁，最终在平成 20 年（2008 年）10 月搬到了今天的位置。以此为契机，重张开业的新店从山之上酒店聘请了天妇罗名店“山之上”的厨师长铃木信夫先生，以此增加了天妇罗专区。已经做了十几年寿司的长子伸光先生负责吧台位的寿司制作，天妇罗专区则由在业界无人不知的铃木先生掌厨。

餐厅内部的高度有 7 米，大量使用木材、和式建材，与整洁的墙面装饰搭配协调，完全没有地下室本来的闭塞感。贵宾室和别致包间的照明宛如星星。

寿司饭在口中迅速散开，而米饭的鱼肉带有空气感，口感绝妙，再配上炸得酥脆干爽的天妇罗，这种超强组合让店里不分昼夜宾客盈门。

1. 套餐中的天妇罗，左起为对虾、银杏、船丁鱼、芦笋、虾头，配有萝卜泥、天妇罗蘸汁和盐。2. 醋腌星鳗也是套餐中的一道菜，将烤熟的星鳗加醋稍稍腌制，可以说是醋拌蒲烧鳗鱼丝的星鳗版本。3. 正面的墙壁可以做遮光板使用，让吧台位笼罩在柔和的光线下，共有 8 座。4. 周围光线较暗但眼前亮堂堂的 L 形天妇罗吧台位，共有 9 座。5. 下沉式榻榻米座席的包间很宽敞，是本店的贵宾室，共有 6 个 。6. 最中间为濑高明雄先生，右边为其长子伸光先生，左边是负责天妇罗制作的铃木先生。

菜单

套餐：寿司・天妇罗・小钵菜等 … 10500 日元起
寿司 春彩・寿司拌饭 竹 ………… 各 3675 日元
寿司 春雅・寿司拌饭 松 ………… 各 5250 日元
天妇罗 ……………………… 天星 8400 日元・天月 12600 日元・天宝 15750 日元
〈午餐〉寿司・寿司拌饭 ……… 各 1575 日元 / 炸什锦盖饭 …2100 日元 / 天妇罗盖饭 ………………………………………… 2520 日元
“一代”特酿辛口 180 毫升 ………… 630 日元
烧酒 杯 ……………………………………… 630 日元
啤酒 中瓶 ………………………………… 735 日元

✆ 03-3662-5555
住 中央区日本桥人形町 2-1-9 T 大厦 B1F
交 地铁水天宫前站 7 出口步行 1 分钟
营 11 时 30 分～14 时（13 时 30 分点单截止）、17～22 时（21 时 30 分点单截止）
休 周日、节假日 座位 35 个 包间 3 个（可坐 18 人，无包间费）
服务费 无 吸烟 仅包间内允许
预约 可＊套餐需预约 刷卡 可

家传鲷鱼饭是男人们会喜欢的风格，带有品鉴和洗练的高级口感

家传味道与大名茶人不昧公渊源颇深

松江之味 日本桥 皆美

（まつえのあじ にほんばし みなみ）

松江特色料理

本店由岛根县松江市的老字号旅馆皆美馆经营，是东京都内为数不多的能够吃到松江地方特色料理的餐厅。除了松叶蟹这类来自日本海的海产品外，还有蚬子、银鱼等宍道湖七珍可以品尝。其中最具代表性的一道特色菜，就是与不昧公颇有渊源的家传鲷鱼饭了。

松江藩第七代藩主松平治乡（号不昧）在修禅的同时创建了茶道流派不昧流，是文化文政时代著名的大名文人。这位不昧公将佣人在长崎等地品尝过、看到过又带回来的荷兰料理进行了独具特色的改良，形成了具有日本风情的官府菜。据说这就是这家店鲷鱼饭的来源。

皆美馆的第一代主厨在明治时代就以不昧公的官府菜为灵感创制了这款鲷鱼饭并且代代相传到了今天。米饭搭配了鲷鱼肉等五种食材，焖饭时淋上大量自制调味汁。如果细细品尝的话，也许多少能够想象到大名茶人娴静雅致的生活吧。

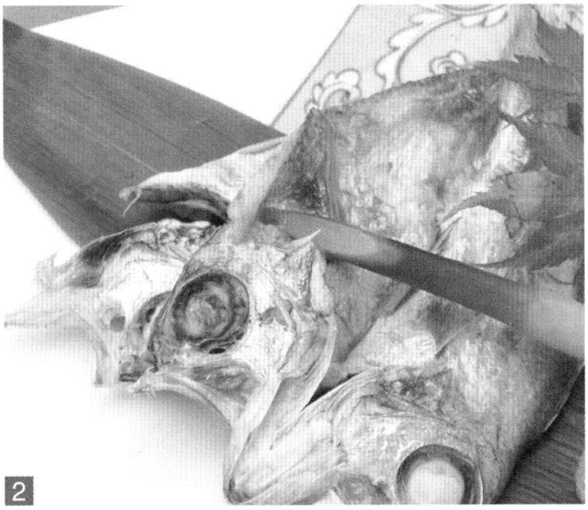

1. 用鲷鱼的半个头、半个下巴、四分之一的鱼身合在一起烧制的炖鲷鱼，使用大量的酱油调味，富含甘美油脂。2. 将从岛根空运来的黑鲑一夜干刷上日本酒、酱油、味淋混合而成的调味汁后进行烤制，虽然味道清淡，但绝对是男人们的最爱。3. 1 人份的五种刺身拼盘，最靠近图片下方的是金枪鱼中腹和黄尾鰤鱼，中间是白鱿鱼，小篮子里是真鲷，还有北极贝。4. 大厅主要是桌席，照明使用的是纪念小泉八云（译注：日本小说家）的云彩形状灯具。5. 名为“北堀”的包间，晚间时段只有消费 8400 日元以上的套餐方可使用。

菜单

家传鲷鱼饭	1370 日元	午间套餐：家传鲷鱼饭御膳	2730 日元
黑鲑一夜干	1575 日元	晚间套餐：家传鲷鱼饭便宴	6825 日元
炖鲷鱼鱼杂	1680 日元	“李白”本酿造 180 毫升	800 日元
刺身拼盘 1 人份五种	3150 日元	“七冠马”纯米吟酿 180 毫升	1200 日元
松江珍味三拼	1260 日元	烧灼	杯 650 日元・瓶 4200 日元
套餐：鲷鱼饭膳八云	5460 日元	啤酒 中瓶	870 日元

✆ 03-3274-0373

住 中央区日本桥 1-4-1 COREDO 日本桥大厦 4F

交 地铁日本桥站 B12 出口步行 2 分钟

营 11 时 30 分～15 时 30 分（15 时点单截止）、17～23 时（22 时点单截止）

休 无休　座位 80 个　包间 6 个（无包间费）

服务费 10%　吸烟 可

预约 可　刷卡 可

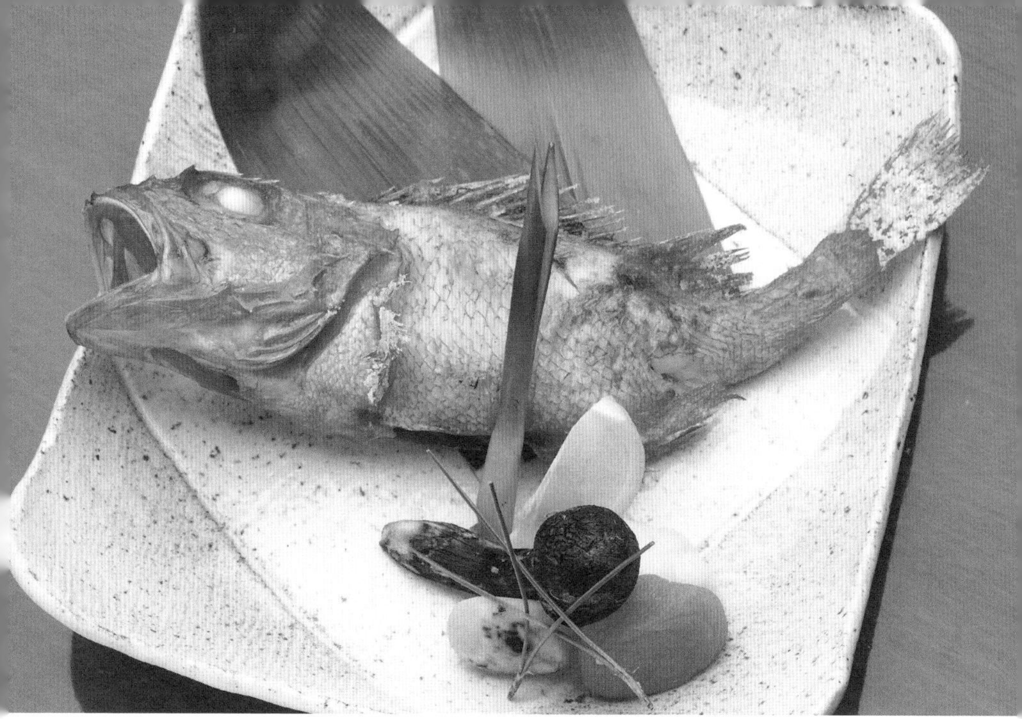

从北海道一本钓的盐烤喜知次鱼，虽然喜知次鱼的时价波动大，但店里售价不变

把江户味道传承至今的风雅老店

割烹 嶋村（かっぽう しまむら）

江户前料理

这是一家创业于嘉永 3 年（1850 年）的百年老店，在安政 6 年（1859 年）刊行的江户料理茶屋排行榜中，曾以“桧物町嶋村”的名字与“山谷八百善”“深川平清”两家餐厅并列，相当于排行榜评选的发起人。现在的店主是第八代传人加藤一男先生。当初接父亲的班并不是被强迫的，所以加藤先生也是乐得继承家业，但是回想起当年还是感叹“真的是很不容易啊”，一面要负起坚守老字号的责任，一面又要负责人事管理，也就是要兼顾技艺和经营两方面，的确很辛苦。所以加藤先生笑着说：“偶尔也要喘口气放松一下。”

招牌菜是从创业之初就有的鲷鱼兜煮（译注：甜咸口的炖鲷鱼头）等各类鲷鱼菜式。此外还有用高汤清炖的鹌鹑，以及必须预约、每日限量供应 30 份的幕末便宴（售价 3800 日元），其中的蒸鸡蛋以及著名的天妇罗也很好吃。在类似于歌舞伎剧场造型的店内品尝江户料理，这就是精髓所在。

1. 虎河豚鱼刺身（图为 2 人份），还包括吃起来口感更棒的背皮、身皮和腹皮，几乎都使用下关的河豚。2. 生海胆与豆腐皮配以厚芡做成的海胆豆皮，是诞生于 1976 年（昭和 51 年）的一道菜。3. 汤汁略微浓稠的鲷鱼兜煮，口感干松，没有饴煮那样的黏腻感。4. 干净整洁的和风装潢让人感受到江户风情的精髓。5. 表示“偶尔也要喘口气放松”的加藤先生。

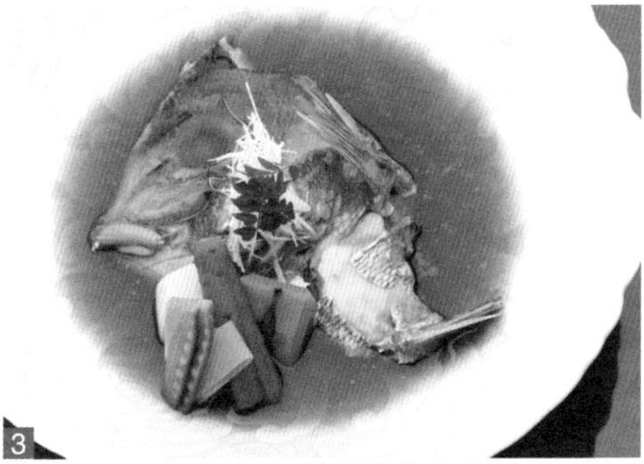

菜单

鲷鱼兜煮	1800 日元
虎河豚刺身	4700 日元
盐烤喜知次	3000 日元
海胆豆皮	1200 日元
清炖鹌鹑	800 日元
鲷鱼茶泡饭	1100 日元
会席料理	花 6300 日元・霞 7350 日元・葵 8400 日元・槙町 10500 日元
“樱正宗”本酿造 壶	630 日元
“久保田 千寿”720 毫升	4200 日元
烧酒	杯 700 日元起・瓶 4200 日元起
啤酒 大瓶	840 日元

✆ 03-3271-9963

住 中央区八重洲 1-8-6

交 JR 东京站八重洲口步行 2 分钟

营 11 时 30 分～14 时、16 时 30 分～22 时 30 分（22 时点单截止）

休 周日、节假日　座位 70 个

包间 5 个（可坐 50 人，无包间费）

服务费 晚间 10%　吸烟 部分不可

预约 可　刷卡 可

鱼料理之趣
——鱼料理的国家属性

我生长在东京，说起鱼来我曾经只知道竹荚鱼、青花鱼、鲣鱼、金枪鱼、沙丁鱼、鲑鱼、鲷鱼这些。自从我成为美食记者后，到日本各地走访时才发现，即便是同一种鱼，在不同的地方叫法也不一样，料理的学问实在是太广博了。

比方说九绘鱼在日本其他地方叫クエ，只有在九州叫アラ。我第一次是在九州福冈的料理店吃到アラ这种鱼的刺身和火锅，当时觉得真是太美味了。之后每年和来自福冈的朋友在东京的鱼料理店举办年会时，我们都会点アラ这种鱼的刺身和火锅来吃。体长超过 1 米的鱼让大家齐声欢呼，因为味道清淡，好像不管多少都能吃得下。听说在九州唐津过九月九祭典的时候，人们会将一整条这种鱼加酱油、酒、砂糖做成甜咸口的照烧味道，放在餐桌的正中央，以此招待客人。

然而到了和歌山县，这种鱼就被称为クエ了，很多食客都会慕名前往日高町品尝那里的著名美食九绘鱼火锅。近来我在伊豆的下田饭店吃到了炖鱼骨，感触很深，砂糖和酱油制造的甜中带咸的口感让鱼眼睛和鱼脸肉好吃到无法形容，甚至连骨头都酥烂好吃。

同样是炖鱼，关西多用白肉鱼来炖，口味偏清淡，也常用味道很淡的酱油来烹调。而关东地区则喜欢重口味，就会用咸重的酱油来炖。我喜欢用鲜美的鱼汤汁拌米饭吃，但是这样的吃法好像有损淑女的形象。

岸朝子

千代田区

九段下
西神田
出入口
グランドパレス
専修大
専大通り
神田神保町
二丁目
首都高速
九段下駅
九段北
一丁目
神田神保町
三丁目
東京理科大
俎橋
都営新宿線
専大前
神保町駅
九段下
靖国通り
半蔵門線
九段下駅
九段局
九段下 寿司政
P66
九段南一丁目
昭和館
共立女子大大学院
一ツ橋
二丁目
田安門
九段会館
東西線
一橋中
千代田区役所
内堀通り
共立女子中
牛ヶ淵
千代田区
公会堂
九段合同庁舎
共立女子大・短大
日本武道館
清水濠
北の丸公園
北の丸公園
千代田区

平河町
麹町小
麹町消防署
麹町駅
麹町学園
女子高・中
半蔵門駅
麹町一丁目
麹町三丁目
麹町二丁目
麹町署
麹町四
麹町一
大妻通り
半蔵門
麹町四丁目
千代田区
グランドアーク
半蔵門
皇居
平河町一丁目
城西大学
有楽町線
平河天満宮
半蔵門線
内堀通り
桜田濠
紀尾井町
越后料理 松井
P68
国立劇場
清水谷
公園
日本都市
センター会館
全共連ビル
隼町
麹町中
最高裁判所
平河町二丁目
グランドプリンス
ホテル赤坂
三宅坂
青山通り
南北線
諏訪坂
隼町
首都高速
都道府県会館
永田町一丁目
平河町
永田町駅
永田町駅
国会図書館
永田町二丁目
永田町駅
1 : 10,000
0
100m

神田・御茶ノ水
神田明神
東京医科歯科大
湯島一丁目
湯島聖堂
文京区
御茶ノ水駅
御茶ノ水駅
千代田線
昌平小
外神田三丁目
中央通り
銀座線
外神田四丁目
神田明神下
秋葉原 UDX
京浜東北・山手線
外神田一丁目
ダイビル
昌平橋
秋葉原駅
お茶の水ビジネスセンター
ニコライ堂
昌平橋
神田川
神田淡路町二丁目
神田局
万世橋
万世橋
万世橋署
新御茶ノ水駅
淡路公園
東京グリーン
伊勢源 P62
神田須田町二丁目
神田淡路町一丁目
都営新宿線
須田町
総評会館
A3
靖国通り
岩本町駅A1
A1
神田須田町一丁目
金多楼寿司
P64
小川町駅
淡路町駅
中央線
東北・上越新幹線
小川町
須田町一
5
本郷通り
丸ノ内線
外堀通り
神田多町二丁目
神田駅
神田美土代町
神田さくら館
神田駅北口
徳力
神田司町二丁目
神田児童公園
NTT
美土代町
東口
神田 笹鮨
P60
司町
神田駅
鍛冶町二丁目
千代田線
内神田二丁目
内神田三丁目
銀座線
中央通り
内神田一丁目
千代田区
鍛冶町一丁目
1：7,500
平河町のみ 1：10,000
0
200m
地図の方位は真北です

本店的招牌普通寿司，鱼肉上不抹调味料，鸡蛋一如既往烧制得比较薄

神田 笹鮨

（かんだ ささずし）

寿司和装潢都是地道的江户前风格

寿司

这家店的历史可以上溯到明治时代，第三代店主取出一郎先生在操作台上做寿司，第四代店主隆二先生在店里忙碌时也要站在父亲身边，平时由他负责采购事宜。现在的店是昭和 33 年（1958 年）建的，虽然平层设计的冷藏柜不易看到里面的寿司，但是客人正好能够看到师傅制作寿司的方法，这也是食客与寿司师傅面对面的传统寿司店布局。

在这样一家坚守着传统的餐厅里，一郎先生还在制作地道的江户前寿司。寿司饭里的醋要能够充分发挥作用，捏的次数也比现在多两到三次。不按章法随意捏的话，寿司很容易散开，毕竟这家餐厅是做外卖起家的，如果寿司捏得不紧实可能会在送餐途中散开。

在笹鮨，高级寿司和普通寿司使用的食材都是一样的，因此买普通寿司更划算。但是高级寿司中的玉子烧里面藏着干虾肉，下的功夫可不一样。话虽如此，无论高级还是普通，都是正宗的江户前寿司，不管选哪一种都会让你大饱口福。

1. 普通份寿司饭，只是看一眼的话还搞不懂内中乾坤，其实盖饭下面还藏着葫芦干，也就是所谓的江户隐藏技艺。2. 可以拿来做戏剧舞台的古风店内装潢，但是毫不在意地使用带着斑点的杉木原木还是让人惊讶。3. 传承着江户前寿司技艺的第三代店主取出一郎先生（左）和继承人第四代隆二先生（右）。4. 神田笹鮨寿司饭的秘密就在这里，在特别定制的灶台上使用的传统羽釜，容量 2 升的锅只做 1 升的饭，在饭熟之前，隆二先生要一直盯着不能离开。5. 在操作台前工作的一郎先生，从吧台的位置确实可以看清师傅的手艺。

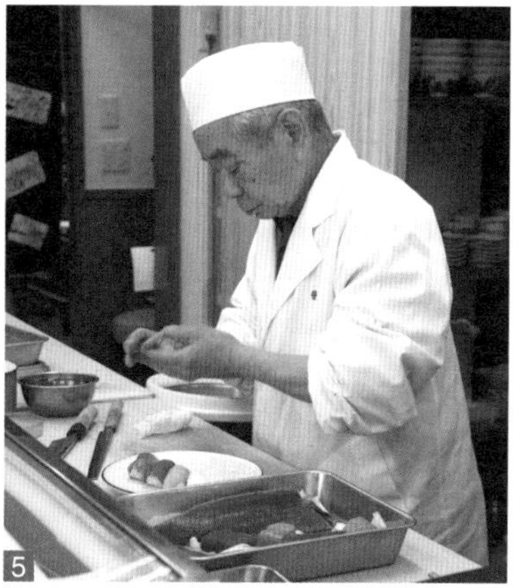

菜单

普通寿司・普通寿司拌饭・海苔鸡蛋卷 ………… 各 1260 日元
中份寿司・中份寿司拌饭 ……… 各 2100 日元
高级寿司・高级寿司拌饭・腌三文鱼盖饭 ………… 各 3150 日元
小黄瓜卷・海苔卷 ………… 各 950 日元
金枪鱼卷 ………… 2520 日元
“菊正宗” ………… 特选 壶 630 日元 / 吟酿 180ml 735 日元・300ml 1260 日元
烧酒 ……… 随身酒壶装 945 日元・瓶 4200 日元
啤酒 小瓶 ………… 420 日元

✆ 03-3252-3344
住 千代田区锻冶町 2-8-5
交 JR 神田站东口步行 1 分钟
营 11 时 30 分～13 时 45 分（13 时 30 分点单截止）、17 时～21 时 45 分（21 时 30 分点单截止）
休 周日、节假日
座位 16 个 包间 无 服务费 无
吸烟 可 预约 可 刷卡 可

用料丰富的名代安康鱼锅（图为 3 人份），鱼肉煮至和汤色一样时就可以吃了

在江户氛围包裹中品尝江户之味

伊势源（いせげん）

安康鱼料理

昭和 5 年（1930 年）建成的餐厅带有浓浓的怀旧气息和纯粹的江户氛围。虽然从外观到内饰都已经变得陈旧，但是建于关东大地震之后的建筑本身就很坚固，一点没有表现出老态。就请坐在这栋结实的建筑物里简朴的榻榻米座席上，品尝天保元年（1830 年）创业的老字号店铺著名的安康鱼锅吧。

这里使用的天然野生安康鱼大多产自北海道，鱼肝肥大，色泽漂亮。锅里的食材非常丰富，包括鱼肉、鱼皮、鱼鳍、卵巢、胃、下巴肉、鱼肝以及大量的蔬菜。咕嘟咕嘟煮着的时候，江户人喜欢的带有浓厚甜味的酱汁香味就开始往鼻子里钻了。鱼肉松软，开始从鱼骨上脱落，热腾腾的鱼肝入口即化，内脏中富含的胶质柔嫩地从嗓子滑进喉咙，有种其他火锅无法取代的满足感。这时候身体和心灵都开始渐渐充满了力量。

1

2

3

4

5

1. 鱼肝刺身是将安康鱼肝加少量的盐煮熟，醇厚的肝脏富含水分，口感黏稠甚至不需要咀嚼。2. 第七代店主立川博之先生，他说自己是从收拾泥鳅开始学习料理的。3. 将安康鱼的卵巢用稍微清淡的佐料汁煮到凝固成鱼冻，口感清爽。4. 带脊骨的鱼肉先用酱油浸渍再油炸，吃的时候撒上花椒盐。5. 江户风情的二层榻榻米座席，打开推拉门就成了一个大房间。

菜单

名代安康鱼锅 …………… 3465 日元（1 人份，2 人份起售）
鱼肝刺身 …………… 1470 日元
炸安康鱼块 …………… 1155 日元
凉拌安康鱼 …………… 1050 日元
安康鱼冻 …………… 735 日元
套餐 …………… 8400 日元起（6 人以上）
"菊正宗"180 毫升 …………… 420 日元
"越乃寒梅"300ml …………… 1365 日元
烧酒 瓶 …………… 麦 4200 日元 · 芋 4725 日元 · 米 6300 日元
啤酒 大瓶 …………… 945 日元

✆ 03-3251-1229

住 千代田区神田须田町 1-11-1
交 地铁淡路町站或小川町站 A3 出口步行 2 分钟
营 11 时 30 分～14 时（13 时 30 分点单截止）、16～22 时（21 时点单截止） 休 9 月～次年 4 月周日休，5～8 月周六、周日、节假日休＊安康鱼只在 9 月～次年 4 月售卖 座位 120 个 包间 11 个（可坐 80 人，无包间费） 服务费 晚间 10% 吸烟 可 预约 可（6 人以上需消费 8400 日元起的套餐） 刷卡 可

对寿司食材充满信心，后排左起依次为墨鱼、斑鰶、比目鱼、鲣鱼，前排左为金枪鱼中腹，右为金枪鱼鱼腩

金多楼寿司（きんたろうずし）

带有平民区子弟气质的江户前寿司

寿司

说起来这家店的建筑外观并没有多显眼，位置也只在一条人不算多的小街一角，但是自从昭和 4 年（1929 年）在淡路町开业以来，这块“金多楼”的字号已经挂了近百年。餐厅的外观的确是当年平民区寿司屋的样子，由第三代店主藤田武先生和夫人悦子以及他们的父母四人打理。

有客人吃完寿司后情不自禁地发出“啊，真解乏啊”之类的感叹，藤田先生说他做的寿司就是想要达到这种效果。店家对于食材品牌没有什么特别要求，只用心选择那些应季的一流食材。上图的寿司食材分别是出水的墨鱼、天草的斑鰶、青森的比目鱼、气仙沼的鲣鱼，户井的蓝鳍金枪鱼中腹、大间的蓝鳍金枪鱼鱼腩。为了获取更好的食材，店主经常往来于筑地市场，比方说鲣鱼就得用秸秆来烤，总之就是尽可能做到最好。金多楼的寿司也体现出充满了平民区子弟的胆气与好胜心，就如芥末一般。

1. 刺身拼盘，左起依次为新岛的黄带拟鲹、三陆的腌青花鱼、户井的蓝鳍金枪鱼中腹、北海道的中国蛤蜊、喷火湾的马粪海胆。2. 均为店主亲手制作的前菜，从左边顺时针方向起依次为石川小芋头、酱油腌鲑鱼子、鲑鱼酒盗烧、鲍鱼煮贝。3. 后排左起为閖上的赤贝、铫子的一本钓金目鲷、串木野的下鱵鱼，前排左起为鹿岛卤蛤蜊、大分的对虾、对马的星鳗（和右页图中料理一样，均来自主厨推荐套餐）。4. 笑称自己从筑地市场回来就关在店里不出门的店主。5. 淡淡的乡愁气氛，一如平民区寿司屋。

菜单

主厨选择套餐 ………………………… 8400 日元
"泷泽" 180 毫升 ………………………… 735 日元
"东长" 180 毫升 ………………………… 735 日元
"山樱桃" 180 毫升 ………………………… 1050 日元
烧酒 ………………… 杯 630 日元・瓶 4725 日元
啤酒 中瓶 ………………………… 630 日元

✆ 03-3251-7912

住 千代田区神田须田町 2-2

交 地铁神田站 5 出口、岩本町站 A1 出口各步行 1 分钟或 JR 神田站东口步行 5 分钟

营 11 时 30 分～14 时（13 时 30 分点单截止）、17 时～22 时 30 分（21 时点单截止） 休 周日、节假日＊周六需提前一天预约

座位 28 个 包间 1 个（可坐 12 人，无包间费） 服务费 无

吸烟 可 预约 可＊午餐时段的厨师选择套餐需预约 刷卡 可

自选寿司 1 份（时价，图为 6500 日元）。煮蛤蜊和星鳗味道十足，佐料汁是甜的

认认真真不造作的江户前寿司

九段下 寿司政（くだんした すしまさ）

寿司

文久元年（1861 年），这家店始创于神田的歌舞伎小剧场三崎座门前的路边摊。在昭和初期搬到现在的位置，当年建起来的店面躲过了战火，就是今天看到的样子。

一直以来，寿司政最为重视的就是食材的挑选、腌法、醋和盐的比例、佐料汁的做法、采买等所有事前的准备工作。所以不仅是食材的选择，料理制作过程中的耐心和认真也充分反映在寿司拌饭上，这就是这家店功夫的集大成之作。

吃寿司不需要正襟危坐，所以寿司政的态度就是不装腔作势。虽然是把寿司当作正统事业的江户前流派，但是并没有“沿袭传统就会好吃”这种想法。由江户人的气度和从容态度孕育出的寿司政寿司，虽然一本正经但是并不过分严肃，充满了平民美食的柔和，越吃越能得到身心的放松与平静。

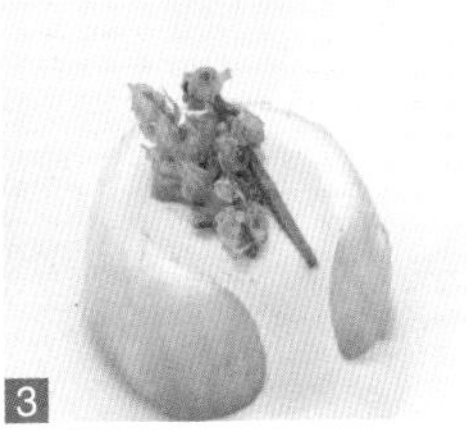

1. 白天也可以下单的寿司饭（图为竹款寿司饭），将近20种材料营造出和谐丰满的形象。2. 应季烧烤，图为3人份的和歌山产盐烤野生香鱼，售价6000日元，脂肪丰富、口感润泽，连鱼头都可以吃。3. 1000日元的糖衣无花果，搭配黑芝麻酱，香滑可口。4. 小菜，淡路岛产的海鳗用水焯熟后，淋上梅肉酱油。5. 原木吧台加上原木餐桌，典型朴素的寿司屋气质。

菜单

寿司政主厨推荐套餐 ………… 旬11550日元・趣15750日元
寿司饭 ………… 梅3150日元・竹4200日元・松5250日元
斑鲦寿司 ………… 3150日元
星鳗寿司 ………… 3150日元
〈午餐〉寿司・寿司饭 ………… 各1890（只在工作日提供）～5250日元
"菊正宗"温酒180毫升 ………… 735日元
"黑龙"纯米吟酿180毫升 ………… 1575日元
"久保田 万寿"180毫升 ………… 2100日元
啤酒 中瓶 ………… 735日元

✆ 03-3261-0621
住 千代田区九段南1-4-4
交 地铁九段下站6出口即是
营 11时30分～14时、17时30分～23时（22时30分点单截止）*周六、周日、节假日晚间17～21时（20时30分点单截止）
休 无休
座位 21个　包间 2个（可坐14人，无包间费）　服务费 10%
吸烟 只有吧台位不可　预约 可　刷卡 可

午餐时段出售的鲑鱼竹笼蒸饭，鸭儿芹点缀五片厚切鲑鱼，搭配了新潟农家小咸菜

竹笼蒸饭特有的清香美味

越后料理 松井（えちごりょうり まつい）

越后料理

大米、鱼类、蔬菜、酒，店里使用的食材几乎全部产自新潟县，只要看到料理就会立刻知道都用了哪些食材。按照第二代店主樋口哲先生的说法，松井的料理就是新潟县家常菜的延伸。调味方面没有一定的规律，整体走清淡路线。

无论是享用料理还是喝酒，一定要以竹笼蒸饭来收尾——店主推荐的这道招牌竹笼蒸饭据说是 70 年前首创的。选用石打的签约农户种植的越光大米，一大早就开始研磨，静置 1 小时左右加出汁焖煮。冷却半天后除去余温，放入冰箱冷藏。第二天，饭香味变得更加醇厚，等到客人下单时再放入鲑鱼和鸭儿芹上锅蒸。听说过“把饭当菜吃”的说法吗？这里的竹笼蒸饭就是如此。蒸汽激发出香味挑动味蕾，堪称大地精华的滋味随着咀嚼充盈了整个口腔，越吃越停不下筷子。甚至可以当下酒菜，真是一笼有魔法的米饭啊。

1. 搭配了芦笋和蛋黄醋酱的烤赤鲑，价格随行情变化，约为 2200 日元。2. 烤柳鲽鱼配水果、黄瓜、莲藕和梅子肉，柳鲽鱼来自新潟，缺货时使用产自富山县、秋田县等日本海沿岸的品种。3. 店内格子状的天花板，墙壁上部安装了鸭居，搭配雪见障子，有浓浓的和式风情。4. 说着“竹笼蒸饭的话还得是鲑鱼口味”的樋口先生。5. 能平这道菜是越后当地的新年料理，最大特点是独具特色滑溜溜的黏稠感，但加热后这种口感就消失了。

菜单

烤赤鲑 · 烤柳鲽鱼 …………… 各 2100 日元起
鲑鱼竹笼蒸饭 · 能平（热或冷）
…………………………………… 各 840 日元
佐渡鱿鱼一夜干 · 十日町荞麦面
…………………………………… 各 630 日元
套餐 ……7350 日元 · 9450 日元 · 12600 日元
竹笼蒸饭午间套餐 ……………… 花 2100 日元 · 壹 2625 日元 · 贰 3150 日元
“八海山”本酿 杯 ……………………… 630 日元
“〆张鹤”纯米 杯 ……………………… 735 日元
烧酒 杯 ……………………………… 630 日元起
啤酒 中瓶 …………………………… 630 日元

✆ 03-3261-7347
住 千代田区平河町 2-2-5
交 地铁永田町站 4 出口、地铁麹町站 1 出口或地铁半藏门站 1 出口步行各 5 分钟
营 11 时 30 分～14 时、17～22 时（21 时点单截止）
休 周日、节假日 * 周六有预约才营业
座位 34 个 包间 4 个（可坐 22 人，无包间费） 服务费 无
吸烟 除包间外不可 预约 可 刷卡 可

鱼料理之趣
——留在回忆中的鱼之味

说起昭和年代，似乎只有战争这一件事。在太平洋战争爆发前，我们家一直保持着夏天去海边休假的习惯。小时候，在位于金泽八景附近的别墅里，我们经常一边游泳，一边看到海军航空队的练习机从头顶飞过。每天早上，渔民挑着扁担来卖鱼，大大的竹篓里装着刚刚打捞上来的活蹦乱跳的海产品，有皮皮虾、鱿鱼、章鱼、红鞘鱼、三线鸡鱼等。其中令我印象最深的就是皮皮虾，皮皮虾窸窸窣窣地爬来爬去，一只、两只……我数数的声音抑扬顿挫，特别有趣。把皮皮虾放到一只大锅里面，倒上酱油、味淋和酒煮熟就可以吃了，那味道至今令人难忘。

我学生时代的暑假，都是在位于宫城县石卷市渡波町的北上川河口的家中度过的。离家不远就有一个鱼市场，我还记得一大早就拎着水桶过去，带回来堆成小山一样活蹦乱跳的沙丁鱼，撒上盐烤熟，一边吹着热气一边狼吞虎咽。剩下的就加入大量生姜，一起炖煮成卤沙丁鱼。

“二战”后，我在千叶县的五井海滨经营牡蛎养殖产业时，曾被海面上的飞鱼惊到了，真的是像名字一样飞起来了。挂在渔网上的鱼除了盐烤之外，还可以连着骨头切成 2 厘米长的鱼段炸着吃，用长筷子夹着炸好的鱼块在酱油里“吱”一下就可以装盘了，这道从母亲那里学到的料理也为我收获了很多好评。

岸朝子

港区・品川区・目黑区・世田谷区・大田区

五反田
東五反田
五丁目
都営浅草線
桜田通り
五反田駅
东京生蚝吧
P88
A6
西五反田
一丁目
五反田駅
東口
東五反田
一丁目
東急ストア
東五反田
二丁目
目黒川
品川区
東急池上線
山手・埼京線

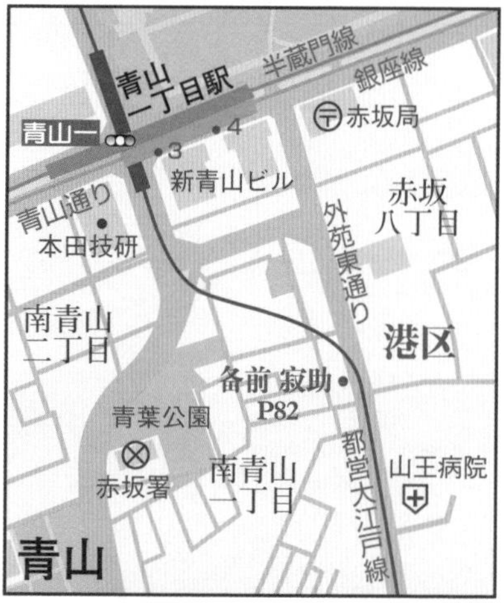
青山一丁目駅
半蔵門線
銀座線
赤坂局
青山一
4
3
新青山ビル
青山通り
本田技研
赤坂
八丁目
外苑東通り
南青山
二丁目
港区
备前 寂助
P82
青葉公園
赤坂署
南青山
一丁目
都営大江戸線
山王病院
青山

自由が丘
自由が丘
二丁目
自由が丘
三丁目
目黒区
ピーコック
正面出口
東急プラザ
自由が丘駅
奥沢
七丁目
東急大井町線
世田谷区
奥沢
六丁目
東急東横線
奥沢六
小林
P92
等々力通り
奥沢
五丁目

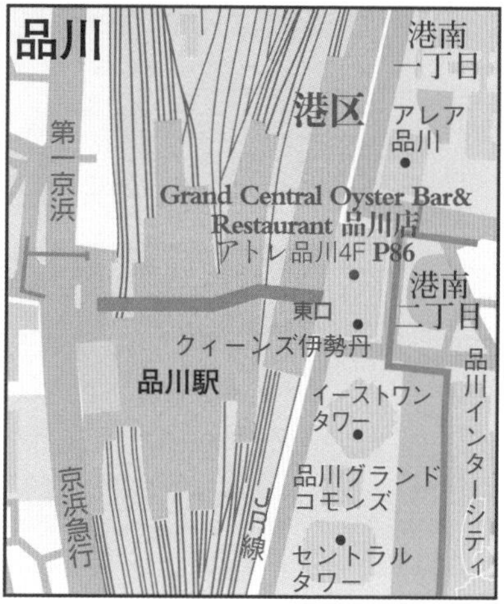
品川
港南
一丁目
港区
アレア
品川
第一京浜
Grand Central Oyster Bar&
Restaurant 品川店
アトレ品川4F P86
港南
二丁目
東口
クィーンズ伊勢丹
品川駅
品川インターシティ
イーストワン
タワー
品川グランド
コモンズ
京浜急行
JR線
セントラル
タワー

首都高速
環八通り
羽田出入口
大田区
穴守稲荷駅
京急空港線
羽田四
羽田文化
センター
市川第二病院
羽田四丁目
フジ
羽田五
食通丰 P94
弁天橋通り
羽田三丁目
羽田小
穴守稲荷

学芸大学
駒沢通り
千代の湯
鷹番三丁目
学芸大学駅
東急ストア
目黒区
鷹番二丁目
東急東横線
碑文谷
六丁目
鶴の湯
米津
笹崎大厦1F
P90
鷹番局
碑文谷
公園
鷹番一丁目

西麻布
四丁目
笄公園
笄小
西麻布
三丁目
瑞華院
日赤病院下
分徳山
P78
港区
ヒルズ
広尾ガーデン
日比谷線
南麻布
五丁目
広尾学園
高・中
スイス大使館
3
渋谷区
ノルウェー
大使館
広尾
四丁目
外苑西通り
広尾駅
有栖川宮
記念公園
聖心女子大
ナショナル
マーケット
広尾橋
ドイツ大使館
広尾
五丁目
南麻布
四丁目
広尾

丸ノ内線
赤坂見附
永田町駅
半蔵門線
ベルビー
赤坂出口
赤坂エクセル
ホテル東急
青山通り
赤坂見附駅
山王グランド
ビル
赤坂 鴨川 P76
第2クワムラ大厦1F
日比谷高
赤坂
四丁目
みすじ通り
外堀通り
港区
銀座線
日枝神社
赤坂
三丁目
赤坂 与太呂 P74
赤坂馆荒井大厦1F
山王下
赤坂五丁目
Biz Tower
赤坂通り
赤坂サカス
1
千代田線
赤坂駅
赤坂
二丁目
国際
新赤坂ビル
TBS
赤坂
六丁目
氷川公園
赤坂

フィリピン
大使館
麻布台
三丁目
六本木五丁目
東洋英和女学院
高・中
麻布永坂町
港区
シンガポール
大使館
河豚・鳖 櫻田
P80
東麻布
三丁目
7
都営大江戸線
新一ノ橋
麻布十番駅
麻布十番商店街
麻布十番駅
麻布十番
二丁目
一ノ橋
ジャンクション
ピーコック
網代公園
三田
一丁目
南北線
首都高速
麻布十番
三丁目
麻布十番

内幸町駅
千代田区
日比谷通り
第一ホテル
東京
西新橋
新橋一丁目
都営三田線
赤レンガ通り
銀座線
新橋駅
新橋二丁目
銀座口
日比谷口
新橋駅
ニュー新橋ビル
新橋三丁目
烏森口
新橋駅
桜田公園
東海道・山手・京浜東北線
新橋四丁目
汐留シオサイト
新橋四東
鮎正 P84
港区
新橋五丁目
新橋五
都営浅草線
横須賀線
新橋

1 : 10,000

0 200m
地図の方位は真北です

用鲷鱼高汤焖煮的鲷鱼饭（图为 3 人份），凉了之后味道更香，最适合当作伴手礼

由开高健先生担保的地道美食

赤坂 与太吕（あかさか よたろ）

鲷鱼·天妇罗·河豚料理

森本钦哉先生曾经在大阪高丽桥的与太吕总店进修过，并于昭和 40 年（1966 年）在东京开了这家分店，他笑称：“与太吕的吕字有两个口，最适合做和食物有关的生意了。”森本先生和夫人清未女士从在赤坂开了这家餐厅以来，始终坚持“绝不对食材进行过度加工”“所有清理工作都要在当天完成”“调味料尽可能自己配制”的原则。

店里选用的是每天清晨空运来的濑户内海产的真鲷。为了突出一流食材本身的美味，鲷鱼饭只使用昆布和鲣鱼熬制的清淡出汁焖煮。腌制 3 小时的鲷鱼刺身有着微妙的弹牙感，高级的清甜口味更是让人回味无穷。制作刺身和酒炖鱼头搭配自制的橙子醋一起吃，甚至连橙子都是自家栽种的。

据说为报道越战九死一生、而后又全身心地投入到钓鱼和美食燃烧生命的文豪开高健先生（译注：日本小说家）曾经经常调侃着“我是饥肠辘辘又可怜的开高健”，然后上门到这家餐厅用餐。

1. 这款鲷鱼刺身用松皮刺身的做法，以便让食客品尝到鲷鱼鱼肉和鱼皮之间的脂肪美味，蘸料是自制的橙子醋而不是酱油。2. 将制作刺身的鲷鱼取半边鱼头用酒炖煮，再以自制的橙子醋调味。3. 晶晶亮的吧台位在长年不断擦洗下竟薄了3厘米。4. 森本先生说“直到现在都觉得，开高健先生随时会像从前一样开门走进来。”5. 用店里特制的盐蘸着吃的天妇罗，除了虾、船丁鱼这些基本食材外，还有虾肉裹面包糠的原创单品。

菜单

鲷鱼饭 …… 3045 日元
鲷鱼刺身·酒煮鲷鱼头 …… 各 4305 日元
天妇罗 …… 4200 日元
鲷鱼套餐：冷碟·汤·天妇罗·鲷鱼饭 … 9420 日元 / 鲷鱼刺身·煮物 … 13965 日元
酒煮鲷鱼头套餐：冷碟·汤·刺身·酒煮鲷鱼头·鲷鱼饭 …… 13650 日元
桶装“剑菱”180 毫升 …… 1155 日元
瓶装烧酒 麦酒·芋酒 …… 各 5775 日元
啤酒 中瓶 …… 840 日元

✆ 03-3584-7686
住 港区赤坂 3-12-18 赤坂馆荒井大厦 1F
交 地铁赤坂站 1 出口步行 3 分钟
营 11 时 30 分～13 时 30 分（13 时 15 分点单截止）、17 时 30 分～22 时 30 分（21 时 30 分点单截止）
休 周日、节假日
座位 20 个　包间 无　服务费 无
吸烟 可　预约 可（午餐时段不可）　刷卡 可

切成薄片的河豚鱼刺身宛如花瓣，嚼的时候清爽的甘甜滋味在嘴里化开（图为 2 人份）

老板娘兼任主厨的名店料理

赤坂 鸭川（あかさか かもがわ）

河豚料理

大菅孝子女士是一位超级老板娘。昭和 43 年（1968 年），大菅正孝先生和夫人幸子、女儿孝子三人开起了这家餐厅，孝子女士从中央大学商学院毕业后放弃了当会计师的志向，进入自家餐厅工作，之后就一直专心于经营。昭和 59 年（1984 年），孝子女士取得了制作河豚料理的资质。现在，白天她与父亲和儿子亮辅先生一起掌厨，晚上就换上一身和服接待客人。早从 50 年前起，亲手用臼杵产的橙子榨汁做成橙子醋就是老板娘的工作。

店里使用的河豚都是从大分、下关或是筑地市场采购，挑选的都是当季最高等级的天然虎河豚，有些是去掉头尾的，有些是整只河豚。尤其是制作生鱼片的河豚，只选用整只的活的野生虎河豚。将一大清早从市场采购的鲜河豚带回店里加工，静置一晚第二天做成刺身。柔和的口感和自带的甘甜是河豚刺身的灵魂。潇洒而威严的老板娘笑着说："鸭川的优点可能就在于河豚的味道以及不显眼的店面。"

1. 河豚鱼火锅（图为庆贺宴席中的一道菜，约为 3 人份）包括了鱼皮和鱼骨，用到一整只虎河豚，相当奢侈。2. 即将出场招待客人的大菅孝子女士。3. 从第二杯开始畅饮河豚鱼鳍酒。4. 割烹职人正孝先生大展精湛技艺的前菜六种（图为 2 人份），从图片最下方顺时针依次为鱼冻、河豚丸、风干河豚、米糠腌渍河豚卵巢、鱼子西京烧，最中间的是金箔芋糕。5. 安静的包间，其他房间的造型也大致如此。6. 河豚涮锅的食材摆盘充满玩心。

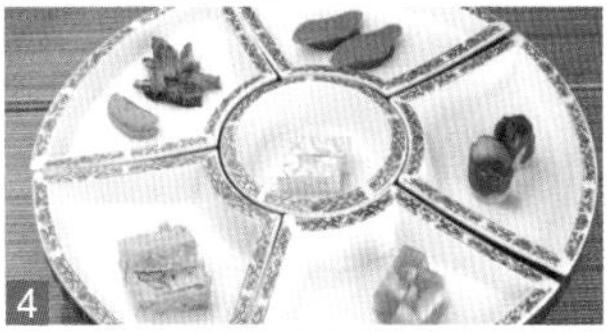

菜单

套餐 1：前菜・河豚刺身・什锦火锅・什锦咸粥・咸菜・水果 …………………… 18900 日元
套餐 2：套餐 1+ 炸河豚鱼块 …… 24150 日元
套餐 3：套餐 2+ 河豚鱼涮锅 ……30450 日元
＊可在套餐 1 的基础上加点其他喜欢的菜品
"越乃寒梅" 720 毫升 ……………… 8400 日元
"獭祭" 720 毫升 ………………………… 10500 日元
河豚鱼鳍酒 1 杯 ……………………………… 2100 日元
瓶装烧酒 "佐藤" ………………………… 10500 日元
啤酒 中瓶 ………………………………………… 1260 日元

✆ 03-3583-3835
住 港区赤坂 3-9-15
交 地铁赤坂见附站 belleVie 赤坂出口步行 2 分钟
营 17～23 时（20 时点单截止）
休 10 月～次年 3 月周日、节假日休息，4～9 月每周六如有预约即营业
座位 20 个　包间 4 个（可坐 20 人，无包间费）　服务费 10%
吸烟 可　预约 完全预约制　刷卡 可

鲍矶烧是用三陆海岸产的黑鲍鱼搭配有明的海苔，微甜的鲍鱼肉裹上海苔，清香爽口

雅致和怀旧情调的亲切和温暖

分德山（わけとくやま）

板前割烹料理

分德山的菜单上只有主厨推荐套餐。从前菜开始到米饭、甜点，差不多有十道菜，套餐内容每两周更换一次，或者根据采购到的食材和客人的喜好随时更换。这里介绍的每一道料理都出自厨师长野崎洋光先生的独创。

鲍矶烧是将一整只鲍鱼铺上萝卜泥再用锅蒸，倒上肝脏制成的酱汁烤制，最后撒上厚厚一层海苔。这是全年都能吃到的本店招牌菜。用日本龙虾的具足煮是以虾壳熬成的高汤混合了白味噌炖煮半只带壳龙虾，最后淋上芡汁做成的料理。而清蒸金目鲷最后的浇汁香味则让这道料理的口味更有深度。

秉承“既与时俱进又立足原点”的烹调理念，野崎先生创作的菜品不止上面介绍的这些，都有很高的水准，同时兼具家常菜风情的亲切感，让人觉得很温暖。

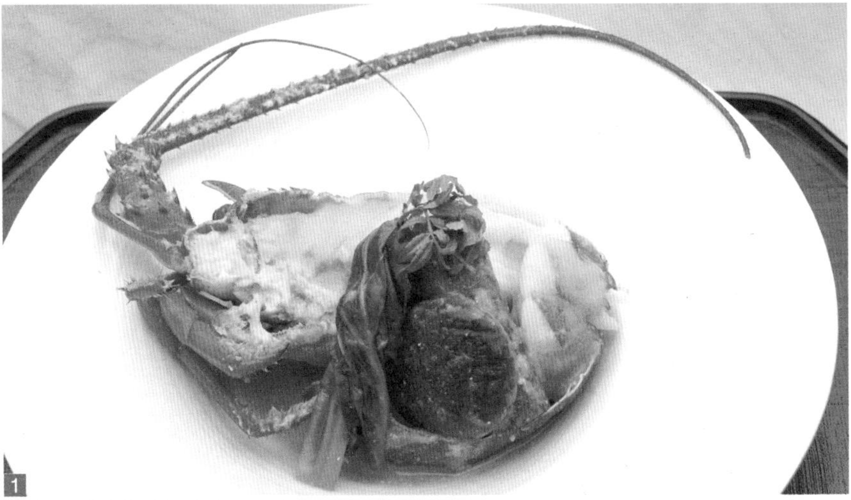

1. 日本龙虾具足煮，凸显了三重县产的日本龙虾的原汁原味，整道菜好像被一层轻薄蝉衣所包裹，制作精细。2. 在铫子用一本钓方式捕捞的金目鲷，撒上酒后清蒸，加入米粥的料汁是店家的独门秘籍。3. 野崎先生给日本料理带来温故知新的风气。4. 一整块丝柏木的吧台位和水曲柳材质的素色墙壁，搭配樱木的桌椅，店里大量使用木材装潢，是奢华又素雅的设计风格。5. 与餐厅相邻的还有一处和式风格的独立建筑。

菜单

主厨推荐套餐 .... 15750 日元
“八海山”温酒 本酿造 180 毫升 ... 840 日元
“胜山”冷酒 180 毫升 .... 1050 日元
“獭祭”冷酒 180 毫升 .... 2625 日元
烧酒“水镜无私”杯 .... 800 日元
烧酒“不得了”杯 .... 1100 日元
啤酒 小瓶 .... 735 日元
生啤 杯 .... 840 日元
葡萄酒 白 5 种・红 4 种 杯 ...... 各 900 日元

✆ 03-5789-3838
住 港区南麻布 5-1-5
交 地铁广尾站 3 出口步行 6 分钟
营 17～23 时（21 时点单截止）
休 周日
座位 40 个　包间 无　服务费 10%
吸烟 不可
预约 可　刷卡 可

河豚火锅的食材包括野生白虎河豚的厚切肉片、各部位鱼骨、手捣年糕、葛根粉等（图为 2 人份）

河豚·鳖 樱田

（ふく・すっぽんさくらだ）

河豚·鳖料理

食材与烹饪技艺的『极致款待之道』

店里使用从九州空运过来，而且都是产地直送的野生白虎河豚。淡粉色的鱼肉光滑闪亮，不愧是最顶级的食材。而鳖则是来自业界有名的滨名湖畔舞阪町的“服部中村养殖场”。据说，“服部”的鳖都是优先供应京都的专门料理店“大市”和这家餐厅。用来搭配河豚刺身的是冲绳粟国岛产的小香葱。手榨橙汁加上博多产的刺身酱油制成了橙子醋，口感醇厚，几乎达到了可以直饮的程度。

店主樱田荣一先生从 18 岁开始就在博多学习烹饪，之后又来到浅草进修，并在当地开了自己的店，一晃 50 多年过去了。樱田先生对于食材的选择和菜肴的烹饪有着非同一般的感情，决不允许有任何细小的疏漏。话虽这么说，但对于制作料理他就没有一丝厌倦吗？似乎是要让客人在吃饭的时候敞开心扉、尽情放松，虽然店主这种意愿强烈，但是不让客人有丝毫被强加的感觉，这不就是所谓的“极致款待之道”吗？

1. 摆成菊花造型的河豚刺身，切成一边薄一边厚的鱼肉呈小船形状（图为 2 人份）。2. 鳖的活血没有怪味，掺入苹果汁（图片前方）或酒一起饮用。3. 下酒小菜从白子豆腐（小钵）顺时针旋转，依次是鱼冻、炸河豚鱼块、手鞠寿司（出自雪套餐）。4 . 鳖肉火锅，在下蔬菜之前先放入店家自制的鳖精，保持绵长丰润的滋味。5. 竹制天花板搭配格子窗框，宁静的纯和风布局。6. 樱田先生，休息日会变身哈雷重机1450 的骑手。

菜单

河豚套餐 花：下酒小菜・河豚刺身・河豚火锅・什锦咸粥・咸菜・甜品 …18000 日元
河豚套餐 雪：花套餐 + 手鞠寿司・鱼冻・炸河豚鱼块 …… 25000 日元
夏季河豚套餐：下酒小菜・鳖肉汤・河豚刺身・河豚涮锅・河豚天妇罗盖饭 …… 18000 日元
甲鱼套餐：内脏珍味・鳖活血・锅物・汤・什锦咸粥等 …… 18000 日元
"菊正宗"德利酒壶 …… 650 日元
河豚鱼鳍酒 …… 1365 日元（续杯 650 日元）
啤酒 中瓶 …… 650 日元

✆ 03-3585-4402
住 港区麻布十番 1-3-13
交 地铁麻布十番站 7 出口即到
营 17～23 时（22 时点单截止）
休 周日 * 河豚季为 10 月～次年 3 月，7 月、8 月时段为夏季河豚期
座位 20 个　包间 1 个（可坐 8 人，5 人及以上可使用，无包间费）
服务费 10%　吸烟 可
预约 完全预约制（最少提前一天）　刷卡 可

用活缔法处理过的星鳗稍加氽烫后制作成星鳗寿喜烧（图为 2 人份），附带乌冬面

用备前烧陶器享用备前的美味

备前 寂助（びぜん さびすけ）

冈山乡土料理

出生在冈山县备前市的店主日笠和喜子女士与备前烧陶器有着很深的渊源，店内以酒器为主的小物件全部都是艺术家的作品，数量多达数千件，而且都是可以出售的。此外还有从前人积累下的古董备前烧收藏中选择了德利酒壶这个品种进行展示。店里木质的地板、火山岩垒砌的墙壁、拱形的门券都是日笠女士特意打造的，模仿了登窑的形状，细长而温暖。店名则来自古田织部命名的著名茶叶罐“寂助”（译注：日语原文为さび助）。

除去秋刀鱼外，店里使用的鱼类和贝类，全部来自濑户内海（不供应金枪鱼）。星鳗、鲅鱼、黑鲷、青鳞鱼、章鱼等渔获每天凌晨 4 点在冈山县拍卖，第二天一早送到店。难怪日笠女士可以自豪地说：“要吃濑户内海鱼类的刺身，我们是东京都最好的。”在众多搭配濑户内海鱼料理的酒中，请一定要尝一尝烫过的难得一见的“生酛浊酒”。

1. 图为 2 ～ 3 人份的刺身拼盘 4000 日元，图片最下方从下津井大章鱼开始，向右依次为醋腌青鳞鱼、黑鲷、鲅鱼等，全都是来自濑户内海的海鲜。2. 青鳞鱼别名“饭借”，意思是好吃到恨不得借一碗米饭来就着吃，盐烤青鳞鱼是下酒好菜。3. 星鳗寿喜烧加出汁制作的涮锅，很遗憾丰厚的香味无法通过照片传递。4. 美作御前酒、贺茂绿等冈山县的名酒汇聚一堂，酒器均为陶艺家制作的备前烧。5. 模仿登窑的店面光线略暗，好像置身母胎内般的情景。

菜单

星鳗寿喜烧 1 人份	4200 日元	套餐	3675 日元・6300 日元起
寿司拼盘 1 人份	1575 日元起	“美作御前酒”纯米 180 毫升	945 日元
盐烤青鳞鱼	630 日元	“贺茂绿”纯米 180 毫升	945 日元
醋腌青鳞鱼	840 日元	“生酛浊酒”纯米浊酒 180 毫升	1050 日元
脉红螺刺身・黑鲷刺身	各 1050 日元	烧酒	杯 735 日元起・瓶 4200 日元起
皮皮虾炒饭	945 日元	啤酒 中瓶	840 日元

✆ 03-3402-2061

住 港区南青山 1-10-3

交 地铁青山一丁目站 4 出口步行 3 分钟

营 11～23 时（22 时点单截止）* 周六到 21 时（20 时点单截止）

休 周日 * 节假日不定时休息

座位 28 个　包间 无

服务费 晚间 5%　吸烟 可

预约 可　刷卡 可

有点威严状的野生香鱼一大特征是尖尖的脸，上方两条各重约 40 克，下面三条各重约 60 克

鲇正（あゆまさ）

野生香鱼极品云集的地方

野生香鱼料理

第二代店主山根恒贵先生和父亲，也就是鲇正的创始人都出身于岛根县。店里使用的全部是专业渔民在岛根县高津川捕获的野生香鱼。在高津川渔获量较少时，也会从冈山县和广岛县采购。每年 6 月到 10 月的香鱼销量约 1.6 吨，如果按照每条鱼重 60 克计算，总共消耗掉 2.6 万条。

店主说：“由于香鱼的供货渠道多，能够确保稳定的供应，所以能够搭配出一整套的香鱼套餐，从腌鱼肠到鱼酱也都是店里自己加工的。”

我们这里介绍的酱香烤香鱼、味噌鱼肠炸香鱼、醋拌香鱼等菜品看上去简单，其实都是下了一番功夫的原创菜，只有充足的香鱼进货量才能出品这样的料理。香鱼的精髓在于其内脏的苦涩和香味，店家今后将继续利用这一特点制作更多的原创料理。

1

2

3

4

5

1. 酱烤香鱼是把鱼酱刷在剖开的鱼身表面烤制，再用酒把腌鱼肠溶解涂在鱼身上烤第二遍，由此产生的香味才真正是香鱼的味道。2. 保持 11% 的盐分，用香鱼的内脏在常温下制成苦鱼肠，是花套餐才可享用的珍品。3. 加入腌鱼肠熬煮的味噌制成糊，包裹着整条香鱼下油锅炸，是极品美味。4. 用制作青花鱼押寿司的昆布腌渍的醋拌香鱼，用加热后的酒和醋、酱油、味淋制成三杯醋，凸显香鱼的新鲜爽口。5. 一楼有桌席和吧台位，店主（左起第三位）率领一众店员亮相厨房。

菜单

香鱼料理套餐：雪 10 道 ……… 11550 日元 /
月 11 道 ……… 13650 日元 /
花 12 道 ……… 15750 日元
酱香烤香鱼 1 条 ……… 2600 日元
味噌鱼肠炸香鱼 ……… 2700 日元
醋拌香鱼 ……… 2400 日元
香鱼刺身 ……… 2600 日元
盐烤香鱼 …… 1 条 2650 日元・2 条 4500 日元
“李白”上选 德利酒壶 ……… 630 日元
“都锦”原酒 杉木杯 ……… 740 日元
烧酒 …… 杯加冰 750 日元起・瓶 4200 日元起
啤酒 中瓶 ……… 780 日元起

✆ 03-3431-7448
住 港区新桥 4-17-5
交 JR 新桥站鸟森口步行 3 分钟
营 17～22 时（21 时点单截止）* 周六到 21 时（20 时点单截止）
休 6～8 月周日，9 月～次年 5 月周日、节假日，其中 11 月到次年 5 月每月第二、第四个周六
座位 40 个　包间 3 个（可坐 20 人，座位费 10%）　服务费 无
吸烟 一楼全面禁烟　预约 可 * 6～10 月需预约　刷卡 可

大盘生蚝 8 只装，4 种时令生蚝每种各 2 只，图中后方 2 只产自厚岸，其余均为进口生蚝

完美还原纽约的味道和氛围

Grand Central Oyster Bar&Restaurant 品川店

（グランド・セントラル・オイスター・バー&レストラン しながわてん）

生蚝料理

Grand Central Oyster Bar&Restaurant 总店于大正 2 年（1913 年）诞生在纽约曼哈顿的中央车站内，一直深受纽约人和各地游客青睐。平成 16 年（2004 年）在品川开业的分店是全球第二家店，当然也是日本国内的第一家。本店的室内装修体现了“美好旧日时光”的美式路线，宽敞的餐厅，适合小酌一杯的酒吧和酒廊，在食客面前处理生蚝的生食吧等，有多个功能各异的空间。

餐厅使用新鲜的活生蚝，每天备有日本、美国、南半球产的十几个品种，并且可以只点一只生蚝吃。包括生蚝在内的料理多达 100 种。葡萄酒主要产自法国，白葡萄酒约 90 种，红葡萄酒约 20 种。您可以从丰富多彩的生蚝料理中选择自己的最爱，坐在喜欢的位子上品尝喜欢的葡萄酒。没错，你现在仿佛已经置身于纽约了。

1

1. 生蚝（图为广岛产）浇上荷兰酱，进烤箱焗熟，这道洛克菲勒生蚝是纽约总店人气很高的前菜。2. 6只个头巨大的虾，围着小塔造型的椰子饭，虾肉清淡干爽，更容易被食客接受。3. 品川店原创的半熟烤金枪鱼，选用的是鸟取县产的蓝鳍金枪鱼红肉，吃起来有嚼劲，但却意外的毫无油腻感。4. 室内装潢和总店一脉相承，稳重的拱门造型相连尽显古典风格。

2

3

4

菜单

大盘生蚝……8只装3600日元·12只装5400日元	烤大虾……2650日元
洛克菲勒生蚝……1700日元	店酒 白·红…杯740日元起·瓶3600日元起
勃艮第红酒煨生蚝……2200日元	“七田”纯米吟酿 杯……950日元
生蚝1只起售……410日元起	烧酒 杯……650日元
半熟烤金枪鱼……2800日元	啤酒 中瓶……760日元起

✆ 03-6717-0932

住 港区港南2-18-1Atre品川商场4F

交 JR品川站东口步行1分钟

营 11～24时（23时点单截止）

休 与Atre品川商场闭店日期相同

座位 165个 包间 无 服务费 17时以后10%

吸烟 露天座位和14点以后的酒廊可以吸烟

预约 可＊6～10月需要预约 刷卡 可

以厨师推荐为主的当日特选生蚝拼盘，图为春季生蚝，8 种生蚝各 2 只

全世界的生蚝汇聚一堂

海鲜餐厅　东京生蚝吧

（シーフードレストラン　とうきょうオイスターバー）

生蚝料理

餐厅全年供应的生蚝种类总计三四十种，每天可选择的海内外品种约有 10 个。因为希望客人能够品尝到生食以外的其他生蚝料理，所以汇集了冷盘、烤生蚝、生蚝意面等多种吃法，种类丰富。但是人气最高的仍旧是生食生蚝。生蚝可以论只单点，也可享用当天特选的生蚝拼盘，各种口味的生蚝能让食客很尽兴。

店内根据生蚝的产地、特征、味道浓淡等指标划分了 5 个档次，并且制成了生蚝品质一览表。味道最淡的一颗星，最浓的五颗星。您可以一边把生蚝壳扔到桶里，一边按星数从少到多的顺序大快朵颐，这也是生蚝最正宗的吃法。从店家推荐的澳洲产的塔斯马尼亚生蚝开始，无论是日本产的还是进口的，都保持了原产地的新鲜口感。

首次引进日本的法国布列塔尼产的生蚝烤制可以同时品尝到来自圣米歇尔和康卡勒两个地区的美味，相当划算。

1. 布列塔尼烤生蚝包含圣米歇尔地区的格律耶尔奶酪焗生蚝，二是康卡勒地区的菠菜黄油焗生蚝（冬季限定产品，图为 2 人份）。2. 奶汁炖红海贝，把特殊奶酪制作的奶油酱汁，淋在红海贝表面做成炖菜，红海贝产自世界文化遗产圣米歇尔山附近的海域。3. 特别菜单中的烤海鳟鱼，搭配法式黄油烤生蚝，售价 1890 日元。4. 三楼就餐区部分打造成“生蚝洞穴”。

菜单

- 当日生蚝拼盘 ………… 4000 日元起
- 奶汁红海贝 ………… 2300 日元
- 布列塔尼烤生蚝 ………… 1680 日元
- 当日生蚝 1 只 ………… 280 日元起
- 生蚝铁板烧 ………… 1480 日元
- 意式生蚝水芹海鲜饭 ………… 1720 日元
- 店酒 红・白 各 750 毫升 ………… 2900 日元
- 杯装葡萄酒 ………… 740 日元
- 店酒 生冷酒 300 毫升 ………… 1050 日元
- 生啤・生黑啤 ………… 各 650 日元

✆ 03-3280-3336

住 品川区东五反田 1-11-17 日向大厦 1～3F

交 地铁五反田站 A6 出口步行 1 分钟或 JR 五反田站东口步行 3 分钟

营 17 时～餐食 22 时 30 分（点单截止）、酒水 23 时 30 分（点单截止）

休 周一

座位 60 个　包间 1 个（可坐 5 人，无包间费）

服务费 350 日元

吸烟 可　预约 可　刷卡 可

火候刚好的炙烤名产鲣鱼，配菜的种类和分量都很多，像沙拉一样看着就有食欲

豪放又纤细的米津派土佐料理

米津（よねづ）

土佐料理

出身于高知县的店主米津久纪先生曾经在土佐料理名店祢保希学习多年，之后在平成 11 年（1999 年）开了现在这家店。餐厅的墙壁和天花板使用了大量老木头，显示出良好的质感和品位，充分体现出店主想要营造的“成年人的隐秘之家”这样的意境。可以说，这里是适合成熟的成年人伴侣、稳重的中老年夫妇就餐的和风沙龙。

米津先生笑着说：“两位一起来的客人比较多，不知不觉间 1 人份料理的量也越来越大。”每样料理说是 1 个人的分量，其实正好够两个人分享，摆盘也很漂亮。

炙烤名产鲣鱼选用的是从土佐的著名一本钓渔船明神丸号上打捞出水的鲣鱼。土佐棒寿司则是用脂肪含量适中的土佐胡麻青花鱼制成。捕捞自四万十川的杜父鱼则是在还活着的时候就快速冷冻，然后送到店里的。眼前摆着的全都是土佐的著名料理。不知不觉中，酒已酣、夜已深。

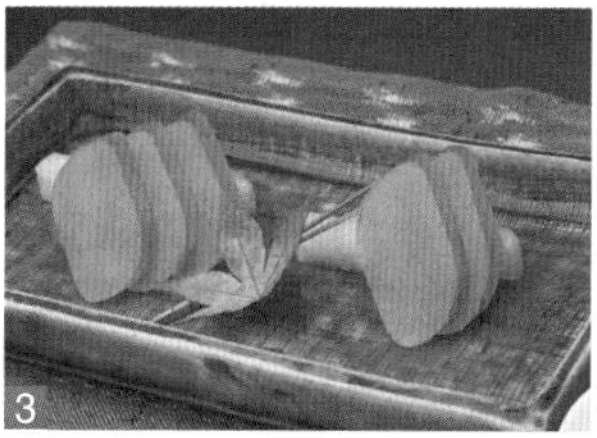

1. 大部分客人都会点这道土佐棒寿司作为一餐的收官之作，分量十足的1人份，去掉鱼皮是为了统一厚度。2. 专门捕捞河鱼的渔民在四万十川捕获的杜父鱼，腌过后裹上面衣炸得酥脆。3. 店家用长崎产的鲻鱼卵巢自制乌鱼子，制作过程耗费约12天，其间还有很多道工序。4. 在老木头的柱子之间加上搁板，摆放着酒瓶等小物件用来装饰。5. 米津先生说："欢迎各位成熟稳重的客人光临。"

菜单

炙烤名产鲣鱼	1200日元
土佐棒寿司	1500日元
油炸四万十川杜父鱼	700日元
自制乌鱼子	1000日元
黑潮天然白身鱼生鱼片	1600日元
日本第一炸鲸肉排	1100日元
主厨推荐套餐	4500日元
"真澄"纯米寒造 180毫升	750日元
"八海山"本酿造 180毫升	800日元
"黑迺江"纯米 180毫升	900日元
烧酒	杯600日元·瓶4000日元起
啤酒 中瓶	650日元

✆ 03-3716-5991

住 目黑区鹰番3-4-13 笹崎大厦1F

交 东急东横线学艺大学站步行3分钟

营 17时40分～22时30分（21时30分点单截止）* 周日、节假日到22时（21时点单截止）

休 周一 * 每月有一次不定期的连休

座位 16个 包间 无 服务费 无 吸烟 靠近餐厅入口处的7个吧台座禁烟 预约 推荐预约 刷卡 不可

说是红烧大喜知次鱼，这么大个的非常少见，一起烧制的牛蒡也非常入味

小林（こばやし）

各种食材搭配出从容不迫的料理风格

板前割烹料理

店主小林高人先生从赤坂的日本料理店开始，曾经在十几家餐厅学习，一门心思钻研和食，直到平成 5 年（1993 年）开了这家店。木块拼花工艺的地板，木制桌椅和米白色的墙面都保留着开业之初的装修风格，气氛温馨，像是家庭式的小餐馆。一旦落座就不想再动弹，就好像一个巨大的鸟窝，能够理解那些常客可以在这里待上很久的心情。

肉以外的食材全部都是从筑地市场采购的。店主亲自进货，衡量价格后再买第一流的食材，选的食材都是厨师不需要过度加工的，店主做的料理也是充分激发食物的原汁原味，让食材在那里安心休养就好。或许是被这种怡然自得的氛围所吸引，据说公务繁忙的前东京都知事石原慎太郎不时也会来光顾。

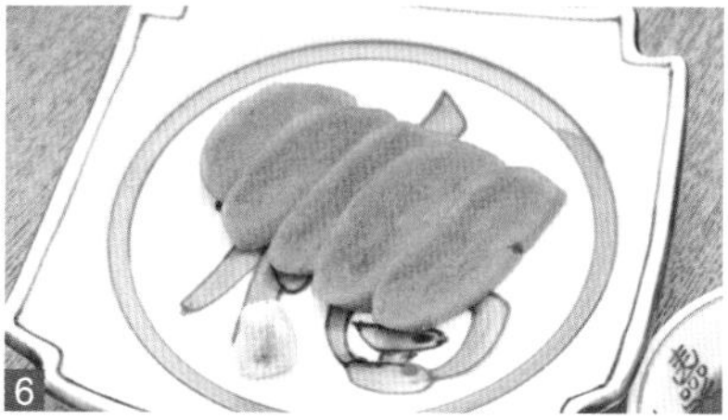

1. 用橙子醋和大量香葱凉拌的虎河豚鱼肉和鱼皮。2. 酱油腌渍的小川原湖产的大个蚬子（图为 2 人份），酒蒸蚬子后再用酱油料汁腌渍 24 小时。3. 使用大量木材装饰店面，轻松的气氛让人心旷神怡。4. 英俊的店主本人，招牌上的字为石原慎太郎手书。5. 河豚鱼骨汤是用鱼骨、豆腐、大葱、茼蒿加白味噌混合乡村味噌一起烧制的。6. 生乌鱼子比起用白萝卜就着吃，还是与山葵和酱油更对味。

菜单

红烧大喜知次鱼	4500 ～ 6000 日元
葱拌河豚	1800 日元
酱油腌蚬子	1500 日元
生乌鱼子（限定产品）	1500 日元
河豚鱼骨汤	1200 日元
刺身拼盘	3500 日元起
蛤蜊盖饭	900 日元
“黑龙”本酿造 标准 180 毫升	800 日元
“〆张鹤纯”纯米吟酿标准 180 毫升	950 日元
“〆张鹤”吟选 标准 180 毫升	1200 日元
烧酒	杯 700 日元・瓶 4200 日元
啤酒 中瓶	700 日元

✆ 03-3703-1501

住 世田谷区奥泽 6-22-14

交 东急东横线自由丘站正面出口步行 8 分钟

营 12～14 时（售完关门）、17 时 30 分～22 时（21 时点单截止）

* 周日和节假日只有晚间营业 * 晚间时段 10 岁以下儿童不得入店

休 周三和每月第三个周二

座位 26 个 包间 无 服务费 无 吸烟 仅有靠近餐厅入口处的桌席可以 预约 可 刷卡 不可

小河虾天妇罗约重 60 克，直径超过 20 厘米，口感酥脆不油腻，虾肉清甜，这就是多摩川的馈赠

海河渔产丰富的美味料理

食通 丰（しょくつうゆたか）

地鱼料理

在这家店里可以享用到来自净化后水质清澈的多摩川和羽田周边的鱼类。尤其招牌菜是在其他店里很难看到的多摩川产的小河虾。把竹叶捆成一捆，放在河面上任其漂流，两三天后取回，藏在叶子背光一面的小虾就是这种白虾，日本名字叫作小河虾。和同类青虾相比，白虾的个头要小很多，但是由于整只都可食用，营养价值更高。除了做成天妇罗之外，也可以干炸后撒盐食用，是下酒的好菜。

在 11 月中旬到次年 1 月中旬，在多摩川河口肥美的虾虎鱼是很好的应季食材。做刺身的话肉质脆嫩有嚼劲，鱼肉清甜，或者做成天妇罗，那味道远超大眼牛尾鱼。

星鳗也来自羽田海域，是地道的江户前食材。无论是烤还是煮，鱼肉都饱满软嫩，也很入味，令人回味无穷。此外还有来自羽田海域和木更津海域的蛤蜊等海产品，汇聚了东京湾的各种海味。

1. 虾虎鱼天妇罗和大眼牛尾鱼相比更清淡，甜度和质感都很棒，1 人份包括 3 条鱼，价格取决于虾虎鱼的大小，图中菜品售价 840 日元。2. 小火慢炖的星鳗呈现出漂亮的焦糖色，口感略甜，下酒配饭都好。3. 肉质紧实的白烤星鳗（大份），蘸盐或山葵酱油，口味清淡。4. 即将下油锅的白虾，也是做佃煮的好食材。5. 味道清香的虾虎鱼鱼骨酒。6. 店主村石保先生说："多摩川变得很清澈了。"7. 店里挂着很多名人的签名板。

菜单

- 白虾天妇罗 ··········· 950 日元
- 虾虎鱼天妇罗 ··········· 630 ～ 950 日元
- 星鳗天妇罗・什锦天妇罗 ········ 各 1100 日元
- 白烤星鳗 … 大份 1450 日元 / 小份 1050 日元
- 卤星鳗 ··········· 740 日元
- 星鳗天妇罗盖饭配红味噌汤 ········ 1400 日元
- 白虾天妇罗盖饭配红味噌汤 ········ 1350 日元
- "大关"冷酒 300 毫升 ··········· 890 日元
- "香梅"冷酒 300 毫升 ··········· 950 日元
- 虾虎鱼鱼骨酒 ··········· 840 日元
- 烧酒 瓶 ··········· 2200 日元起
- 啤酒 中瓶 ··········· 500 日元

✆ 03-3741-2802

住 大田区羽田 4-22-9

交 京急空港线守穴稻荷站步行 5 分钟

营 11 时 30 分～14 时（13 时 30 分点单截止）、17～22 时（21 时点单截止）

休 周二和每月第二个周三

座位 80 个　包间 1 个（可坐 8 人，无包间费）　服务费 无

吸烟 可　预约 不可　刷卡 不可

鱼料理之趣
——夏天的乐趣：香鱼和海鳗

清爽的绿色 5 月一结束，就迎来了梅雨季节。6 月初的东京，眼巴巴盼着香鱼禁渔期结束的人们便开始坐立难安了。香鱼每年秋天在河里产卵，孵化出来的幼鱼顺流而下在海里长大，隔年再返回故乡的河里产卵，完成一生的使命，所以香鱼也叫作“年鱼”，味道就像瓜果一样清香。最美味的做法是直接串成串、撒盐上火烤。还有一种做法是从生鱼的后背下刀，连着骨头切成薄片，下冰水里浸泡让肉质变得紧致，然后沥干水分蘸上酸甜口的酱汁或是带辣味的醋一起食用，这种做法在日本叫作“背越”。香鱼的幼鱼可以用来做天妇罗或者直接油炸，等到秋风乍起，肚里有鱼子的香鱼最适合做好吃的甘露煮。我很喜欢鱼子在口中爆开的感觉。

京都人告诉我，在梅雨季节里，吸足了濑户内海水分的海鳗也到了最美味的时节。在东京长大的我，虽然常吃星鳗，但对海鳗不熟悉，直到在“柿传”和“辻留”两家怀石料理店吃到海鳗做的汤菜时才知道有这种食材。将海鳗去头和背骨，鱼皮面朝下，每间隔一寸左右的距离下刀，共 24 刀，但不能切断鱼皮，将切好的鱼下热水锅氽烫，再入冷水中拔凉，这种手法真是技艺精湛。鱼肉在拍粉、焯水后向着鱼皮的方向卷起，于是切过的鱼肉像花朵一样绽开，所以有“牡丹海鳗”之称。不拍粉直接焯水，再就着梅子肉或者醋味噌一起吃也很美味。到了秋天，产季尾声的海鳗和刚刚上市的松茸一起制作的豪华火锅也令人难以忘怀，祇园祭上不可或缺的海鳗押寿司，也是让我时常想念的一道美味。

岸朝子

新宿区・涩谷区

高田馬場
下落合二丁目
新目白通り
西武新宿線
下落合一丁目
東京富士大
神田川
高田馬場駅前
早稲田口
高田馬場三丁目
西友
1
味处 平治 P114
東西線
早稲田予備校
高田馬場駅
ビッグボックス
早稲田通り
新宿区
高田馬場四丁目
高田馬場公園
山手・埼京線
高田馬場一丁目
1：12,000 0 100m

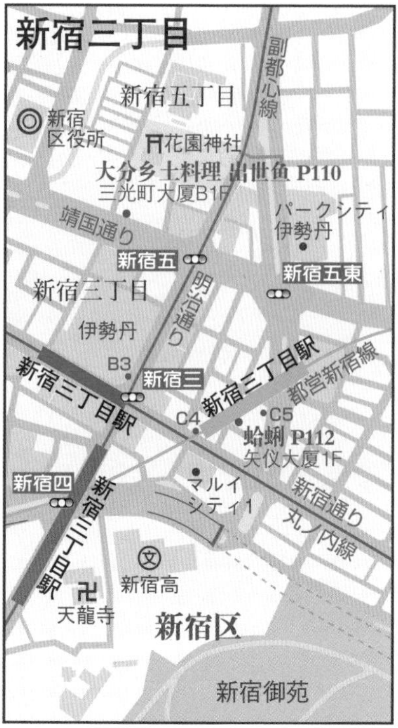
新宿三丁目
副都心線
新宿五丁目
新宿区役所
花園神社
大分乡土料理 出世鱼 P110
三光町大厦B1F
パークシティ伊勢丹
靖国通り
新宿五
新宿五東
新宿三丁目
明治通り
伊勢丹
新宿三丁目駅
B3
新宿三
新宿三丁目駅
都営新宿線
C4
C5
蛤蜊 P112
矢仪大厦1F
新宿四
新宿三丁目駅
マルイシティ1
新宿通り
丸ノ内線
新宿高
天龍寺
新宿区
新宿御苑

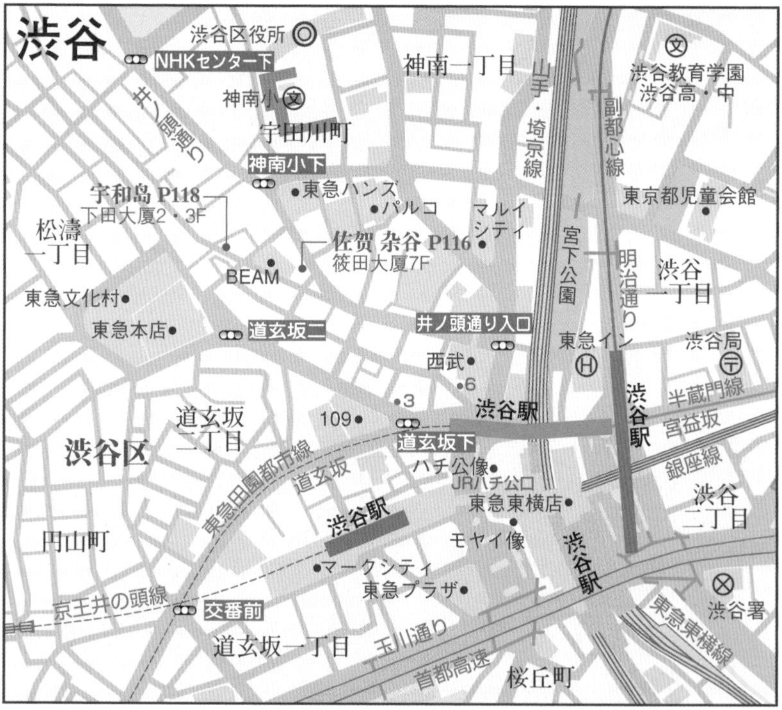
渋谷
渋谷区役所
NHKセンター下
神南小
井ノ頭通り
宇田川町
神南一丁目
山手・埼京線
副都心線
渋谷教育学園渋谷高・中
神南小下
東急ハンズ
宇和島 P118
下田大厦2・3F
パルコ
マルイシティ
東京都児童会館
松濤一丁目
佐贺 杂谷 P116
筱田大厦7F
宮下公園
明治通り
渋谷一丁目
BEAM
東急文化村
東急本店
道玄坂二
井ノ頭通り入口
東急イン
渋谷局
西武
6
3
渋谷駅
半蔵門線
渋谷駅
道玄坂二丁目
109
宮益坂
渋谷区
道玄坂下
東急田園都市線
ハチ公像
道玄坂
JRハチ公口
銀座線
東急東横店
渋谷駅
渋谷二丁目
渋谷駅
円山町
モヤイ像
マークシティ
東急プラザ
渋谷署
京王井の頭線
交番前
東急東横線
玉川通り
道玄坂一丁目
首都高速
桜丘町

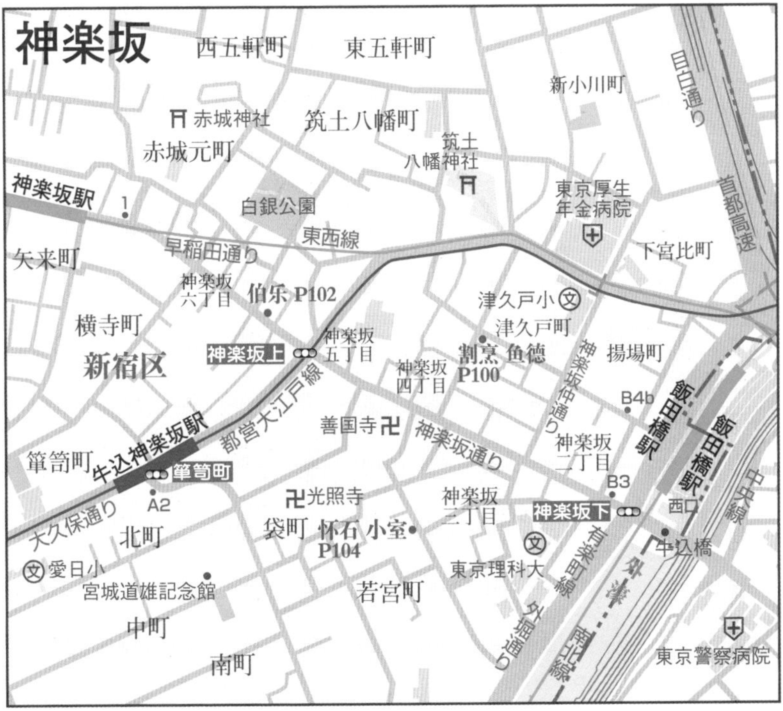

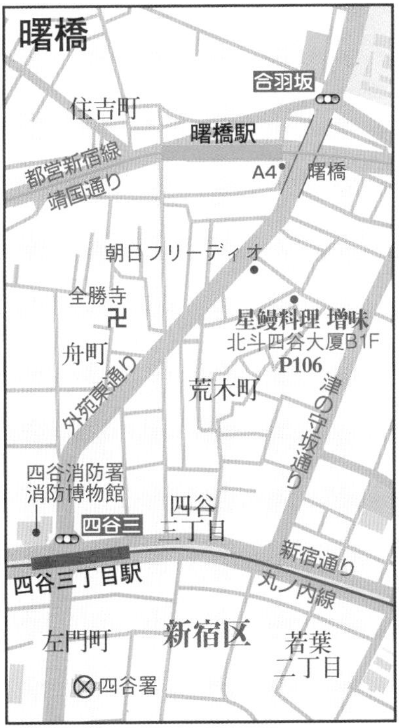

1：10,000
（高田馬場のみ 12,000）

0 200m
地図の方位は真北です

小金枪鱼刺身拼盘，从前方起依次是腹肉烧霜、大腹和赤身，尽享不同风味

存在于花街的『备受泉镜花喜爱』的餐厅

割烹 鱼德（かっぽう うをとく）

割烹料理

特意为了寻找和热闹的神乐坂路不同的氛围，我们来到了在它以北平行的轻子坂路，行人不多，有着沉稳的静谧氛围。沿着斜坡向上走到头，往本多横丁左转的街角处，雅致的黑漆木板围墙上悬挂着白色檐灯，鱼德餐厅已经开门迎客了。

第一代店主萩原德次郎先生在明治时代中期创建了八丁堀的鲜鱼店。到了大正时期，又在神乐坂开了餐馆，据说店主豪爽的性格很受当时的文坛红人泉镜花的喜爱。开店之时，泉镜花写在贺表里的“鱼好、酒好、咸淡适中”，被鱼德视为引以为豪的开店宗旨。

第五代现任店主萩原信男先生最看重的是食材是否应季和最佳品尝时机。从餐前小菜开始的以鱼类和贝类为主的料理，到每道料理的上菜时机，都是经过精确计算的。坐在安静的榻榻米座席上享用一道道精心制作的美食，仿佛耳畔又回响起第一代店主与泉镜花的交谈声。

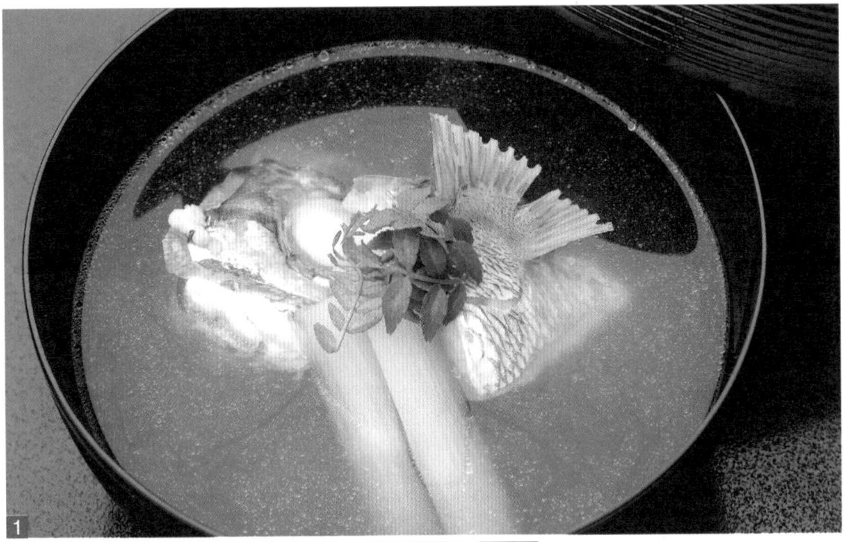

1. 以花椒叶点缀清汤鲷鱼，清淡汤汁凸显鲷鱼的醇厚（和左页图片刺身拼盘均出自 21000 日元的套餐料理）。2. 红烧金枪鱼使用了野生金枪鱼全身的肉，从开始做到上桌需花 3 个半小时。3. 有 10 张榻榻米大小的宽敞和式包间，使用了传统日式制作工艺的墙壁和雪见障子，营造出宁静祥和的纯日式风格。4. 伴手礼定制的红烧金枪鱼非常入味，分量十足，一盒 225 克。

菜单

料理：午间 ………… 10500 日元・15750 日元

料理：晚间 …… 21000 日元・25250 日元・料理 21000 日元：先付・前菜・汤菜・生鱼片・烤物・中钵・煮物・主食・酱汤・咸菜・甜点

红烧金枪鱼 1 盒（225 克）………… 1680 日元

“八海山”本酿 180 毫升 ………… 1050 日元

“八海山”吟酿 ……… 300 毫升 3150 日元・720 毫升 5250 日元

烧酒 瓶 ………… 麦：吉四六 5250 日元・芋：富乃宝山 6825 日元

啤酒 大瓶 …………………………… 1050 日元

✆ 03-3269-0360

住 新宿区神乐坂 3-1

交 地铁饭田桥站 B4b 出口步行 5 分钟、JR 饭田桥站西口步行 7 分钟

营 11 时 30 分～14 时 30 分、17 时 30 分～22 时 30 分

休 不定休＊周六、周日、节假日的营业可商议

座位 25 个　包间 3 个（可坐 25 人，无包间费）　服务费 10%

吸烟 每个包间根据客人的喜好决定

预约 完全预约制　刷卡 可

河豚套餐中分量十足的河豚火锅（图为 2 人份），食材包括鱼肉和软嫩的内脏，相当丰盛

伯乐（はくらく）

既会赚钱又会玩乐的河豚界名伯乐

河豚料理

店主泷泽正利先生出生于昭和 8 年（1933 年），自昭和 39 年（1964 年）在此地开店以来，半个多世纪的时间始终是一个人自在地操持厨房。因为天生左撇子，无论是刮胡子还是投掷棒球，用的都是左手。但是唯有握菜刀用右手，就像他自己所说，“左手用来玩乐，右手用来赚钱”。

每天中午从下关直送店里去头去尾天然虎河豚，店主费尽心思把人工成本和器物费用省下来，以最合理的价格提供上好的河豚。河豚到货后马上着手加工，基本上都是将当天新鲜的河豚料理呈给客人。一般来说，河豚在处理好之后可以静置几天再做成料理，但是泷泽先生表示，比起口味，更多的食客还是重视口感。当然，他也会备一些河豚静置几天，让鱼肉变得香甜滑嫩。

无论是单点还是套餐，河豚刺身和河豚火锅的菜量都是一样的，所以在这里选择套餐是最划算的。

1

1. 青瓷质地的大盘摆放着一片片河豚鱼刺身（图为 2 人份），清淡雅致。2. 套餐中的炸河豚鱼块大多只用了鱼肉部分，炸鱼肉块外酥里嫩，略带甜味。3. 右手赚钱、左手玩乐的店主泷泽先生。4. 二楼榻榻米座席区简约别致，造型有如欧洲风情的山中小屋。5. 只选用河豚鱼皮制成的鱼皮冻，琥珀色的胶质物风味十足。

2

3

4

5

菜单

河豚套餐：前菜 2 种・鱼皮冻・河豚刺身・炸河豚鱼块・河豚火锅・什锦咸粥・咸菜 …… 8000 日元
河豚涮锅 …… 5000 日元
河豚刺身・火锅 …… 各 3500 日元
炸河豚鱼骨 …… 3000 日元
河豚鱼皮冻 …… 500 日元
河豚鱼鳍酒 …… 600 日元
"新政"德利酒壶 …… 400 日元
烧酒 瓶 …… 4000 日元
啤酒 中瓶 …… 500 日元

✆ 03-3260-2062
住 新宿区神乐坂 6-8
交 地铁神乐坂站 1 出口步行 2 分钟
营 17～22 时
休 周日、节假日 * 7 月、8 月全休，河豚供应期从 9 月至黄金周前
座位 35 个　包间 3 个（可坐 30 人，无包间费）
服务费 10%　吸烟 可
预约 可　刷卡 可

6 月海鳗套餐中的清汤炖海鳗，海鳗鱼肉裹上淀粉，配以冬瓜和青柚子

追求食材、技艺、食器极致的料理杰作

怀石 小室（かいせき こむろ）

怀石料理

店主小室光博先生曾经在“茶怀石料理·和幸”（本书第 170 页）的高桥先生门下学习了 7 年，之后每年还会抽出数十天去和幸帮厨，通过做上门厨师积累下来许多珍贵的经验。出了神乐坂路向南拐，来到一条精致的小料理屋和割烹料理店星罗棋布的小巷，这家平成 12 年（2000 年）开业的餐厅就坐落在小巷的一角。

小室先生笑称，平时最爱收集食器碗盘，反倒是在店面装修上没有多少投入。餐厅装饰得很朴素，主人的心思都花在如何准备特别的食材和如何把料理做好上面。比方说，海鳗一定选用明石某地、范围很小的海域里生长并只吃玉筋鱼长大的，也可以说必须是娇生惯养的极品。使用的食器是在轮岛特别定制的黑漆碗，以及须田菁华、泽村陶哉等现代艺术家的作品或中国的古瓷器。从餐前小菜到结尾的海鳗饭，每道料理都极尽精巧，充满明媚的气息。店主将全部精力投入到了料理的制作上，餐厅虽然不大，却是一片味觉上的世外桃源。

1

2

3

4

1. 海鳗八幡卷，内部细切如丝的是牛蒡，用鸭儿芹卷上海鳗和牛蒡下锅炸（套餐中为两块），配以京都赤万愿寺地区的红辣椒和酸橘，盘子是须田菁华制作的万历绘龟甲碟 。2. 仅鱼皮部分稍加炙烤的海鳗烧霜（图为套餐中的一道菜，2 人份），蘸着火锅醋一起吃口味清爽，盘子是中国的青花瓷器（图 1、2 皆出自 6 月的海鳗套餐）。3. 朴素的店内没有花哨装饰，为的是让食客专心享用美食，墙壁上挂着须田菁华制作的纪念瓷器。4. 店主有云：“切鱼骨时如果声音浑浊就不好，好的海鳗应该是清脆的断裂声。”

菜单

午间 ………………………… 8000 日元・12000 日元
晚间 …… 16000 日元・20000 日元・30000 日元特别套餐（海鳗等）
“繁枡”纯米 180 毫升 ………………… 1500 日元
烧酒 杯 ……………………………………… 800 日元
啤酒 中瓶 …………………………………… 800 日元

✆ 03-3235-3332
住 新宿区若宫町 13 金井大厦 1F
交 JR 饭田桥站西口、地铁饭田桥站 B3 出口步行各 8 分钟
营 12～15 时（13 时点单截止）、18 时 30 分～22 时 30 分（20 时点单截止）
休 周日、节假日和周一的中午　座位 14 个　包间 1 个（可坐 5 人）
*吧台位、包间均有 500 日元座位费　服务费 10%　吸烟 不可
预约 完全预约制　刷卡 可（部分不可）

5500 日元套餐中的星鳗薄切刺身（1 人份），鱼肉切得薄透，但看上去有温暖的感觉

与星鳗、客人一起玩耍的著名料理

星鳗料理 增味

（あなごりょうり ますみ）

星鳗料理

曾经在银座辻留餐厅学习过的店主增井司先生偶然从文献上得知有专门制作星鳗料理的餐厅，进而产生了浓厚的兴趣。之后他走访日本各地品尝星鳗料理。据增井说，由于烹饪方法不同，星鳗的肉质也会在味道和形态上发生变化，这一点最让他着迷。这家店从平成 5 年（1993 年）开业一直到现在，如果事先不知道很可能就错过这家不起眼的小店，店主一直保持着与星鳗、客人之间的“游戏”。

增井先生只选用野生的三年生星鳗品种，而且必须用活鱼加工。拿已死的星鳗烧烤只会越烤越硬，而活鱼烤熟了之后肉质松软。活星鳗制成的生鱼片味道发甜，弹牙感十足，即使不去骨，吃起来也完全感觉不到骨头。固定的菜品从不标新立异，一些熟客会要求料理稍微变化，纯属娱乐，这就是增井先生所谓的“游戏”了。

1. 5500 日元和 7500 日元套餐中的白烤星鳗（1 人份），用濑户内海家岛产的粗盐烤制。2. 星鳗小锅（1 人份），7500 日元以上的套餐才供应。3. 在餐厅玄关前摆姿势的增井先生。4. 原木色的墙壁和木质地板，雅致的小店只接待预约的客人，环境安静。5. 星鳗和当季料理套餐中的前菜一例，左起为星鳗鱼冻、对虾、肝煮，最后面是小海螺。

菜单

星鳗套餐：午间 …… 3700 日元・5300 日元
星鳗套餐：晚间 …… 5500 日元・7500 日元・9500 日元
每月更换的星鳗套餐 …… 10000 日元
星鳗与当季料理套餐 …… 8500 日元・9500 日元・13000 日元
外卖菜肴 … 星鳗便当・星鳗蒲烧各 2100 日元 / 白烤星鳗 2700 日元
"真澄"本酿造 德利酒壶 …… 850 日元
"立山"冷酒 德利酒壶 …… 950 日元
烧酒 杯 …… 700 日元・1500 日元
啤酒 中瓶 …… 750 日元

✆ 03-3356-5938
住 新宿区荒木町 11-2 北斗四谷大厦 B1F
交 地铁曙桥站 A4 出口步行 5 分钟
营 17 时～22 时 30 分（21 时点单截止）* 如果提前一天预约，白天也可营业
休 周日、节假日　座位 15 个　包间 无
服务费 20%* 周六 10%　吸烟 可
预约 最晚提前一天预约　刷卡 可

主厨推荐套餐中的寿司，左边寿司是红醋饭配虾肉、煮干贝，右边寿司是白醋饭配斑鰶、醋腌牡蛎

寿司匠（すししょう）

践行平成年代江户前寿司的行动派

寿司

餐厅建在距离马路较低的位置，而且玄关口的装饰有如简朴的茶室风情，经过时不注意的话很难发现。无论是室内装修，还是挂在屋檐上方的“すし匠 はな家與兵衛”（译注：寿司匠 花家与兵卫）的古旧牌匾（据说是本木雅弘手书），看上去都很有来头。

寿司匠的特色是有红白两种寿司饭，用酒糟制成的红醋做的寿司饭和用白色米醋做的寿司饭。店主中泽圭二先生一般使用味道较浓重的食材搭配红寿司饭，用清淡的食材搭配白寿司饭。他说：“让米饭和食材相匹配是江户前的正统做法，如果有两种寿司饭，寿司的品种就丰富了。”

在主厨推荐套餐中，一开始是小菜为主、寿司为辅，后半段是寿司为主、下酒菜为辅，分别有 20 道下酒菜、20 只寿司，既能把寿司吃个痛快，又能享受酒菜的乐趣。中泽先生笑称，这就是他们的经营待客之道。

1. 套餐后半程出场的草莓蒸几乎全年都能吃到，灵感来自东北地区的特色美食草莓煮，海胆加上鲍鱼、鲑鱼子、白身鱼，搭配鸭儿芹的叶子和茎做成茶碗蒸风格。2. 两种寿司饭，后面是用米醋做的白寿司饭，前面是用红醋制作的红寿司饭，视食材选择不同的寿司饭，由于江户前寿司选用的鱼生味道浓厚，据说最开始的寿司饭都使用红醋。3. 占据餐厅大部分空间的白木吧台，食材盒固定在操作台上。4. 店主条理清晰地讲述寿司的起源和种类。

菜单

午间：什锦寿司拌饭 限量供应 20 ~ 25 份 …… 1500 日元
主厨推荐套餐 …… 20000 日元
“泽乃井”纯米大辛口 8 勺 杯 …… 700 日元
“飞吕喜”纯米 8 勺 杯 …… 800 日元
烧酒 杯 …… 600 日元起
啤酒 小瓶 …… 700 日元

✆ 03-3351-6387
住 新宿区四谷 1-11 阳临堂大厦 1F
交 JR 四谷站赤坂口、地铁四谷站 1 出口步行各 1 分钟
营 11 时 30 分至售完为止、18 时 ~ 22 时 30 分（点单截止）* 午间时段只有周一、周三、周五营业
休 周日、节假日中的周一 座位 11 个 包间 无
服务费 无 吸烟 不可
预约 午餐和晚餐建议先预约 刷卡 可

大分县直送的关竹荚鱼、关青花鱼、城下鲽鱼、太刀鱼、牛尾鱼各 1 份的刺身拼盘

鱼类均为当日当地捕捞的鲜货

大分乡土料理 出世鱼

（おおいたきょうどりょうり とど）

大分乡土料理

老板娘手岛惠子女士毫无疑问是大分人。但是这里以前并不是一家地方特色料理店，当时因为经常有大分老乡的光顾，不知不觉就成了专门经营重口味的大分料理的餐厅了。据说现在大部分的食客都不是大分人了。

这家店获得佐贺关町渔业协会颁发的“关竹荚鱼·关青花鱼特许经营”证，除了沙丁鱼外，其他的鱼都是从大分的产地直送到店。每天清晨捕捞的鲜鱼当天会空运到东京，大约下午 4 点半就会到店，所以新鲜度当然是毋庸置疑的。如果遇到海上有风浪出现断货的情况，食客们就只能将就店里现有的食材（如果风浪持续数日就另当别论了）。

无论是刺身、烧烤，还是代表性的大分料理“琉球饭”，这家店最大的优点就是用在料理上的鱼一点也不小气。关于“琉球饭”这个名称以及店名的由来，您可以在老板娘空闲的时候亲自请教她。

1. 奇思妙想的组合，适合下酒的 8 种炸鱼肉饼拼盘，鱼肉泥使用鳕鱼和石首鱼做成。2. 关青花鱼琉球饭，售价 1800 日元（下），和不蘸酱油、只搭配酸橙和生姜的小鱿鱼。3. 用加了米曲的大分味噌和切成薄片的牛蒡一起烧制的牛尾鱼头汤。4. 三种酥炸小鱼，右起依次为少鳞鱚、和目张鱼长得很像的石狗公和刺鲳。5. 店内的墙壁上挂满了特色料理的菜单，很多料理只看名字不知为何物。

菜单

刺身：关竹荚鱼・关青花鱼…各 2300 日元 / 城下鲽…时价 / 太刀鱼…牛尾鱼各 1500 日元
炸鱼肉饼 1 个 …… 各 400 日元
琉球饭 …… 1500 日元起
小鱿鱼 …… 800 日元
牛尾鱼头汤 …… 400 日元
酥炸小鱼条 …… 1000 日元起
面条汤 …… 800 日元
"关之西"各 180 毫升…花 525 日元・纯米 735 日元
"八鹿"各 180 毫升…福来 525 日元・吟丽 1050 日元
烧酒 杯 …… 525 日元起
生啤酒 杯 …… 525 日元

✆ 03-3208-9074
住 新宿区新宿 5-17-14 三光町大厦 B1F
交 地铁新宿三丁目站 B3 出口步行 3 分钟
营 17～23 时（22 时 30 分点单截止）
休 周日、节假日
座位 47 个　包间 无
服务费 无　吸烟 可
预约 可　刷卡 可

刺身拼盘（2 人份）包括 10 种新鲜贝类，也可以单点 1260 ~ 2100 日元

蛤蜊（はまぐり）

菜单从头到脚写满了『贝』字

贝类料理

离开故乡以后，凭借在三十多家高级日本料理店积累下的经验，店主矢仪仁明先生在昭和 47 年（1972 年）独立创业，开起了这家店。据说一开始矢仪先生还很茫然："到底开个什么店才好呢？"就在他反复翻看东京的电话簿时，发现没有一家料理店是专门做贝类的，于是"就这么定了"，可喜可贺，蛤蜊餐厅因此诞生了。

矢仪先生对自己的店颇为得意，"全日本只做贝类的餐厅我们是独一份"，一天供应的贝类最少有 25 种，全年大概有 50 种。所以刺身拼盘里的海螺、扇贝、赤贝、鲍鱼、蛤蜊、江瑶、北极贝、虾夷法螺、海松贝等都还只是一部分。

对于那些费时费力的料理，店主也充满了自信。其中排名前三位的分别是干贝煎饺、味噌摊鸡蛋、法式焗小海螺。如果您是第一次来店，那么请一定要从这三种中选一种尝尝看。

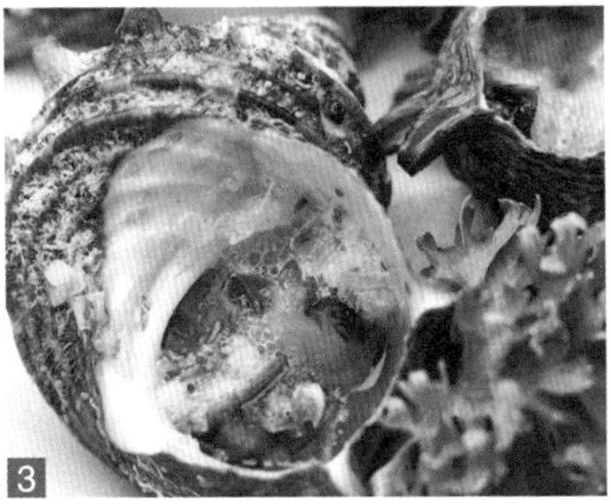

1. 用西京味噌、鸡蛋和鲍鱼、文蛤、牡蛎、江瑶等 7 种贝类制作的香气四溢的摊鸡蛋。2. 干贝馅的煎饺口感微甜，有不同于普通饺子的高级感。3. 法式焗小海螺，螺肉的口感和螺肠的味道都很赞。4. 带壳活贝的煮贝拼盘，包括小鲍鱼、马蹄螺、小海螺、日本海峨螺、西伯利亚峨螺等（本页图片均为 1 人份）。5. 整洁的和风装饰店面让人感受到纯粹的江户风情。6. 笑称“店名也可以改成蚬子”的店主矢仪先生。

菜单

- 刺身拼盘 …… 4200 日元
- 味噌摊鸡蛋 …… 1780 日元
- 煮贝拼盘・海松贝刺身 …… 各 2100 日元
- 干贝煎饺 …… 1680 日元
- 法式焗小海螺 …… 1360 日元
- 煮物：昌螺・马蹄螺 …… 各 840 日元
- 套餐 2 人份起售 …… 蚬子 5500 日元・花蛤 6300 日元・文蛤 7350 日元
- “菊正宗”本酿造 小德利酒壶 …… 550 日元
- “菊正宗”生酒 300 毫升 …… 990 日元
- 烧酒 瓶 …… 4800 日元起
- 啤酒 中瓶 …… 660 日元

✆ 03-3354-9018

住 新宿区新宿 3-8-4 矢仪大厦 1F

交 地铁新宿三丁目站 C4、C5 出口步行各 1 分钟

营 17～23 时（22 时点单截止）

休 周日、节假日

座位 31 个　包间 3 个（可坐 25 人，无包间费）

服务费 只有榻榻米座席收 10%　吸烟 可

预约 可　刷卡 可

轻烤表皮、甜度略有增加的六线鱼烧霜（图为 1 人份），典雅的摆盘让人印象深刻

以超级亲民的价格品尝当季料理

味处 平治

（あじどころ へいじ）

和食餐馆

出生于昭和 26 年（1951 年）、17 岁就出来闯荡的店主平井治秀先生（知道店名的由来了吗？へいじ就是平治）曾经长年修习以怀石料理为主的日本料理。平成 12 年（2000 年）把自家装修后开成了以鱼类菜肴为主的和食餐馆，因为宾客满盈总是很热闹。现在介绍的这家环境幽静的餐厅是在平成 17 年（2005 年）新建的。

最为记挂“食材好坏和时令性”的店主每天都要去丰岛区要町的河岸进货，每周还要去筑地市场两到三次。平井先生半开玩笑说他靠着老顾客的熟面孔总能买到又便宜又好的食材。但是以超值的价格提供如此品质与数量的料理，绝对不是开玩笑的事情。该下功夫的地方绝不含糊，也不惜力，这才使得每一道菜都饱含生机。老板娘三枝子的待客之道令人愉悦，营造出一种独一无二的气氛，酒水的价格也非常实惠。绝对值得您亲自用自己的舌头和眼睛来体验一下。

1. 将半条青花鱼先干烤，再像制作棒寿司一样做成烤青花鱼寿司，脂肪丰富，分量十足。2. 用芥末醋凉拌的章鱼和玉簪花叶，芥末醋的辛辣、山形县著名野菜玉簪花叶的爽脆口感吃起来令人神清气爽。3. 令人唇齿留香的鲅鱼西京烧，搭配自制的三色蒸是用鸡蛋、虾肉和菠菜制成的。4. 沉默寡言但态度亲切的店主和大方开朗的夫人三枝子。5. 一楼有一部分下挖式榻榻米座席，右边往里走是吧台位。

菜单

六线鱼烧霜 …… 700 日元
鲅鱼西京烧 …… 600 日元
芥末醋凉拌章鱼玉簪花叶 …… 500 日元
烤青花鱼寿司 …… 800 日元
刺身拼盘 … 三拼 1000 日元・六拼 2000 日元
天妇罗拼盘 10 种 …… 1050 日元

午间天妇罗定食 …… 750 日元
“睡魔（ねぶた）”本酿造 180 毫升 … 350 日元
“景虎”“浦霞”纯米 180 毫升 … 各 600 日元
“久保田 千寿”720 毫升 …… 2300 日元
烧酒 瓶 …… 1800 日元起
啤酒 大瓶 …… 550 日元

✆ 03-3364-3930

住 新宿区高田马场 3-22-14
交 JR 高田马场站早稻田口步行 7 分钟
营 11 时 30 分～14 时 30 分、17～23 时（22 时 30 分点单截止）
休 周六、节假日＊周日只有晚间营业
座位 58 个　包间 无
服务费 无（小菜每人 250 日元）　吸烟 可
预约 可　刷卡 不可

有明海代表性特产大弹涂鱼，以白烧状态送到店，再由店家以甘露煮方式加工，口味清淡

珍奇料理的话题让餐厅的人气更旺

佐贺 杂谷（さが ざっこく）

佐贺乡土料理

这家店于昭和41年（1966年）在涩谷道玄坂的百轩店开业，直到平成8年（1996年）才搬到今天的地方。现在的店主片渊阳介是第二代。虽然创业的父母二人均为佐贺县人，但阳介先生生于涩谷、长于涩谷，还曾在当地的金王八幡宫工作过，是热衷各种祭祀活动的地道涩谷人。经由这位店主操刀制作的各种料理以鱼类为主，品尝突发奇想搭配珍奇的佐贺乡土料理也是一大乐趣。

吧台、桌席、地台俱全的店内布局简直就是如假包换的居酒屋。“我们主营鲜鱼料理和在佐贺县，尤其是东京不太容易见到的有明海特产，搭配多种烧酒一起品尝，是一家轻松愉悦的店。”就像店主自己做的广告一样，菜品的定价也很亲民，即便初次到访也不用害怕。周末的时候约上几个朋友一起过来小聚是最合适不过的了。

1

2

3

4

5

1. 炖喜知次鱼几乎是全年供应，图片中的大小约350克，售价4500～5000日元，和烤喜知次鱼价格一样。2. 刺身拼盘从图片最下方按顺时针起依次为章鱼、赤贝、鲣鱼、鸡鱼、白鱿鱼，最中间是腌青花鱼（图为2人份）。3. 八谷米饭团有梅子、杂鱼、鲑鱼等7种口味，红米和黑米混合五谷以及黑芝麻就成了八谷米。4. 居酒屋风格的店内布局让食客舒缓身心。5. 有明海的特产鳗虾虎鱼，和大弹涂鱼都属于虾虎鱼类，将鱼干稍微烤一下，蘸着蛋黄酱食用，简单说就是下酒好菜。

菜单

大弹涂鱼1条	420日元
垮炖喜知次鱼·烤喜知次鱼	均为时价
刺身拼盘1人份	1500～1800日元
刺身：腌青花鱼·白鱿鱼	各1260日元
刺身：鲣鱼·真鲷	各1575日元
鳗虾虎鱼2条	840日元
红海蜇	735日元
八谷米饭团子1个	315日元
“金波”纯米180毫升	840日元
“金波”本酿造360毫升	1050日元
烧酒	杯630日元起·瓶3150日元
啤酒 中瓶	735日元

✆ 03-3464-8416
住 涩谷区宇田川町31-4 筱田大厦7F
交 JR涩谷站八公口步行8分钟
营 17时至凌晨1时（24时点单截止）
休 周六、节假日
座位 36个　包间 2个（可坐12人，无包间费）
服务费 无　吸烟 可
预约 可　刷卡 可

大盘子里满满装了 3 ~ 4 人份的鲷鱼面线，华丽的摆盘契合庆典宴席场合

宇和岛（うわじま）

饱含着心血和感情的爱媛县之味

爱媛乡土料理

在这里您可以品尝到丰富多彩的爱媛县特色料理，主要是店家自己在宇和海养殖的鲷鱼和河豚，用活缔法处理后直送到店。很多到此用餐的客人多少都与爱媛县有些渊源，主厨竹内真浩先生施展技艺制作故乡美味的同时，为了那些怀念故乡的人要学习更多有关爱媛县的知识。除了鲷鱼和河豚（如果客人需要也会使用野生河豚）外，其他也会从筑地市场采购，而且尽可能只选择来自关西的食材。

整体走清淡路线的料理基本上都是在客人点单之后开始制作。如果您点了鲷鱼面线，那么从炖鲷鱼到煮面线再到华丽装盘上桌，最少也要 20 分钟的时间。按照当地的吃法，吃鲷鱼配酒，最后再以吃面线收尾。适合女性食客享用的鲷鱼饭，妙就妙在用热水烫熟表皮后保留了鲷鱼的鲜度。而在爱媛县的沿海地区经常食用的太刀鱼竹卷很适合下酒。

汇集了这么多家乡美味的餐厅，晚餐时间依旧高朋满座。

1. 鲷鱼饭的吃法是将表皮烫熟的鲷鱼蘸上和调味汁一起打散的生鸡蛋，就着热腾腾的米饭一起吃（图为晚间时段的 1 人份）。2. 炙烤河豚寿司（图为 1 人份）是将寿司饭先放入模具中，再铺上炙烤过的河豚鱼肉做成押寿司，色泽美丽，颇受女性欢迎。3. 将半条太刀鱼的鱼肉切成 2.5 米长的细条，缠在竹棍上，用照烧酱烤制成太刀鱼竹卷。4. 竹内先生说：“每天都在学习爱媛县的知识。”5. 位于三楼的和风包间，使用了带地炉的榻榻米座席。

菜单

鲷鱼面线 …… 3700 日元
鲷鱼饭 …… 1575 日元
炙烤河豚寿司 …… 2800 日元
太刀鱼竹卷 …… 945 日元
会席套餐 …… 宇和岛 5775 日元起・特别时令菜（共 4 种）10500 日元

〈午间时段〉鲷鱼饭・刺身定食 … 各 1000 日元
“石鎚”杯 …… 800 日元
“獭祭”杯 …… 900 日元
烧酒 …… 杯 650 日元起・瓶 2700 日元起
啤酒 中瓶 …… 630 日元

✆ 03-3780-5446
住 涩谷区宇田川町 35-6 下田大厦 2F、3F
交 JR 涩谷站八公口步行 5 分钟
营 11 时 30 分～14 时（13 时 45 分点单截止）、17～23 时（22 时点单截止） 休 周日、节假日
座位 86 个 包间 8 个（可坐 60 人，无包间费）
服务费 无（如只点一道菜，小菜酌收 350 日元）
吸烟 午间时段不可 预约 可 刷卡 可

鱼料理之趣
——海产品滋养了生命

“二战”前，在我就读的女子营养学园有这样一句话：“一份鱼，一种豆，四种蔬菜，胚芽米做主食。”曾经是日本国民性疾病的结核病与脚气病的病因，就是日本人的饮食偏重于谷类，缺少摄入优质蛋白、维生素和矿物质，所以这句话就是我们改进饮食搭配的目标。我所接受的教育是，每天要摄取超过 100 克的优质蛋白，来源于鱼类、大豆和大豆制品。战后随着民众对肉类、鸡蛋、牛奶、水果等食物的摄取量增加，结核病与脚气病也就成为少见的疾病。但是近年来由于摄入的牛肉、猪肉等动物性脂肪量变多，患生活习惯类疾病的人数增多和发病年龄降低又成了新问题。于是日本人自古以来以鱼类为主的饮食文化重新受到了重视。

鱼类不仅是优质蛋白的来源，而且鱼油中 IPA 和 DHA 等多元不饱和脂肪酸的含量较高，两者都有助于降低血液中的胆固醇和甘油三酯，防止动脉硬化，抑制血栓形成，所以在预防心梗和脑血管病方面有一定的效果。而且 DHA 还有激活脑细胞的作用，有助于预防老年痴呆。尤其是鲣鱼、金枪鱼、鰤鱼、秋刀鱼、青花鱼等青背类鱼体内的 DHA 含量更多，红肉部分所含的牛磺酸还有抑制血压上升、预防高血压的效用。

据说人类诞生于海洋，除了鱼类外，从海藻等植物中摄取养分的海胆、牡蛎、花蛤、鲍鱼等海产也富含人体所需的微量元素，是我们身体不可或缺的养分。

岸朝子

台东区·文京区

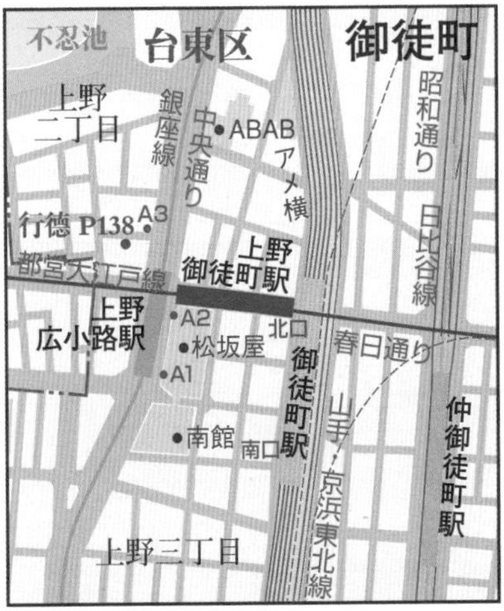
不忍池
台東区
御徒町
上野二丁目
銀座線
中央通り
ABAB
アメ横
昭和通り
日比谷線
行徳 P138
A3
都営大江戸線
上野御徒町駅
上野広小路駅
A2
A1
松坂屋
北口
春日通り
御徒町駅
山手京浜東北線
仲御徒町駅
南館
南口
上野三丁目

東京文化会館
上野駅
東北・上越新幹線
首都高速
日比谷線
日本芸術院
パンダ橋
上野の森美術館
中央口
上野署
広小路口
上野駅
銀座線
上野駅
東上野三丁目
台東区
マルイシティ
东北畔 P136
Algardia（アルカディア）大厦1F
上野
東上野二丁目

団子坂上
団子坂
団子坂下
谷中三丁目
章鱼屋 三忠
Domea（ドミール）
千駄木201
千駄木駅
文京八中 P148
谷中小
汐見小
千代田線
ヘビ道
千駄木二丁目
不忍通り
台東区
文京区
谷中二丁目
米茶月墙 P142
千駄木二
谷中局
根津二丁目
千駄木

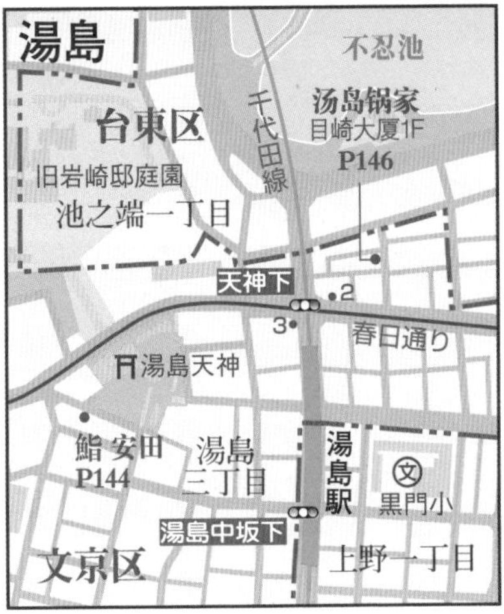
湯島
不忍池
台東区
汤岛锅家
目崎大厦1F
P146
千代田線
旧岩崎邸庭園
池之端一丁目
天神下
2
3
春日通り
湯島天神
鮨 安田
P144
湯島三丁目
湯島駅
黒門小
湯島中坂下
文京区
上野一丁目

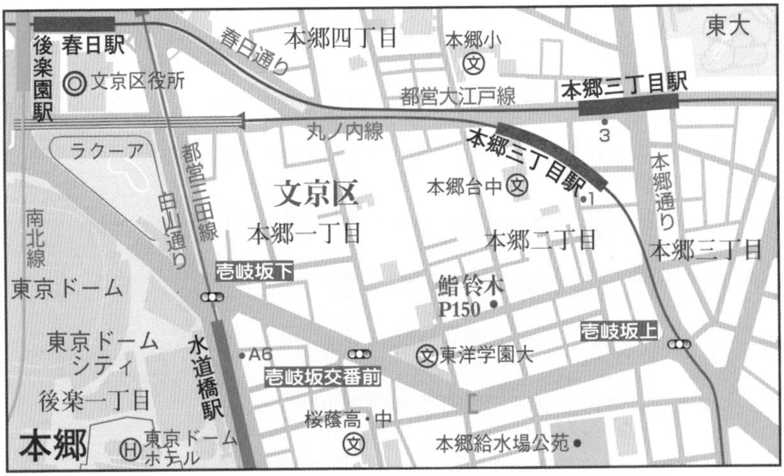
春日駅
後楽園駅
春日通り
本郷四丁目
本郷小
東大
文京区役所
都営大江戸線
本郷三丁目駅
丸ノ内線
3
ラクーア
都営三田線
本郷三丁目駅
本郷台中
1
白山通り
文京区
南北線
本郷一丁目
本郷二丁目
本郷通り
本郷三丁目
壱岐坂下
東京ドーム
鮨铃木
P150
壱岐坂上
東京ドームシティ
水道橋駅
A6
東洋学園大
壱岐坂交番前
後楽一丁目
桜蔭高・中
本郷
東京ドームホテル
本郷給水場公苑

1：10,000

0　200m

地図の方位は真北です

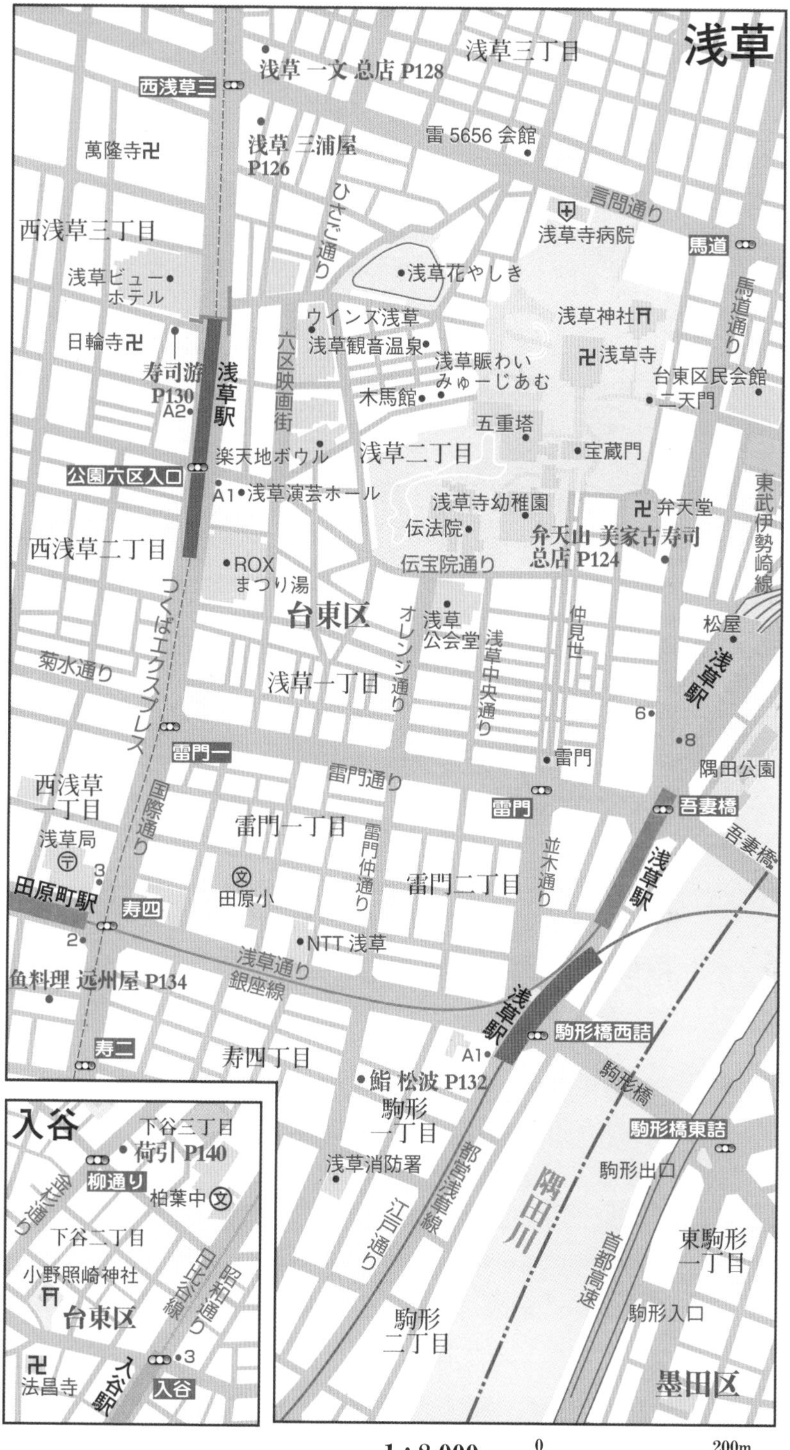
浅草
浅草三丁目
浅草 一文 总店 P128
西浅草三
雷 5656 会館
萬隆寺
浅草 三浦屋
P126
ひさご通り
言問通り
西浅草三丁目
浅草寺病院
馬道
浅草花やしき
浅草ビュー
ホテル
馬道通り
ウインズ浅草
浅草神社
日輪寺
浅草観音温泉
浅草寺
六区映画街
浅草賑わい
みゅーじあむ
台東区民会館
寿司游
P130
浅草駅
木馬館
二天門
A2
五重塔
楽天地ボウル
浅草二丁目
宝蔵門
公園六区入口
A1
浅草演芸ホール
東武伊勢崎線
浅草寺幼稚園
弁天堂
伝法院
弁天山 美家古寿司
总店 P124
西浅草二丁目
ROX
まつり湯
伝宝院通り
台東区
浅草
公会堂
仲見世
松屋
つくばエクスプレス
オレンジ通り
浅草中央通り
菊水通り
浅草一丁目
浅草駅
6
8
雷門一
雷門
隅田公園
雷門通り
西浅草
一丁目
雷門
吾妻橋
雷門一丁目
国際通り
並木通り
吾妻橋
浅草局
雷門仲通り
浅草駅
3
田原小
雷門二丁目
田原町駅
寿四
2
NTT 浅草
浅草通り
銀座線
魚料理 远州屋 P134
浅草駅
駒形橋西詰
寿二
A1
寿四丁目
鮨 松波 P132
駒形橋
駒形
一丁目
駒形橋東詰
浅草消防署
都営浅草線
駒形出口
隅田川
江戸通り
首都高速
東駒形
一丁目
駒形
二丁目
駒形入口
墨田区
入谷
下谷三丁目
荷引 P140
柳通り
柏葉中
金杉通り
下谷二丁目
小野照崎神社
日比谷線
昭和通り
台東区
3
法昌寺
入谷駅
入谷

1:8,000
入谷は 1：10,000

0 200m
地図の方位は真北です

色泽、形态都很精致的寿司，后排是昆布腌比目鱼、斑鰶、真鲷，前排是秋鲣、江瑶和赤贝

费工实料的江户前寿司精华之选

弁天山 美家古寿司 总店（べんてんやまみやこずし そうほんてん）

寿司

庆应 2 年（1866 年），位于弁天山钟楼脚下的美家古寿司开始营业，150 余年的时间里从未离开当地。平成 20 年（2008 年）夏天餐厅对室内装修和设备进行了彻底翻新，连木头散发出的香气也重新苏醒了，但墙壁等整体淡褐色的基调仍然让店内环境明亮、素雅，保留着翻新工程之前的氛围。

站在操作台制作寿司的是第五代店主内田正先生。他认为，真正的美家古寿司需要在醋拌饭、山葵酱、认真处理过的鱼肉等食材、寿司酱油四者达到平衡后再端给客人享用。据说因为是专门吃寿司的餐厅，所以酒水供应基本上就是餐前酒的程度。鱼类等的前期加工主要包括醋洗、醋腌或是昆布腌渍，用以配合醋拌饭。寿司酱油则是用多种酱油和高汤再加味淋熬煮而成。店主告诉我，这些功夫让鱼肉本身的味道翻倍。最好的方式似乎就是配着热茶一起享用店主亲手制作的寿司。

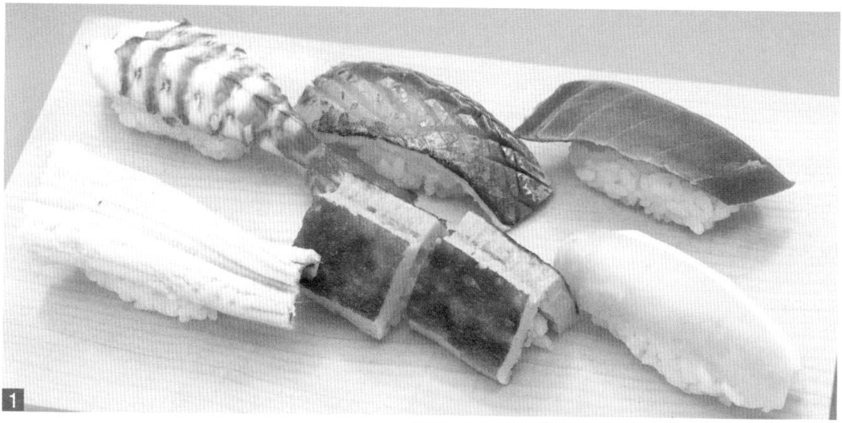

1. 后排左起为对虾、竹荚鱼、酱油腌金枪鱼寿司，前排左起为星鳗、玉子烧、煮鱿鱼寿司，和左页图片的加起来共 12 个寿司，全都下了功夫。2. 寿司卷，后排为口味偏淡的葫芦干寿司，前排为金枪鱼红肉寿司，左页与图 1、2 组合为弁天山套餐。3. 撒着海苔碎的寿司饭上铺着五片酱油腌渍过的金枪鱼，搭配山葵酱和蘘荷。4. 店面硬件焕然一新，氛围和从前相差不大。5. 第五代店主的名言是“寿司成败八分在食材，两分在制作”。

菜单

松：握寿司 6 个 + 寿司卷 3 段 …… 2100 日元
梅：握寿司 7 个 …… 2940 日元
浅茅：握寿司 10 个 …… 5250 日元
弁天山：握寿司 12 个 + 寿司卷 1 条 … 7350 日元
鬼灯：握寿司 10 个 + 小份腌金枪鱼盖饭 … 8400 日元
美家古：握寿司 17 个 + 寿司卷 1 条 … 9975 日元
寿司拌饭・金枪鱼红肉盖饭 …… 各 3150 日元
腌金枪鱼盖饭 …3780 日元・小份腌金枪鱼盖饭 …… 2100 日元
“金冠大关”温酒 德利酒壶 …… 525 日元
“山田锦”纯米・桶装“菊正宗”各 300 毫升 … 各 840 日元
啤酒 中瓶 …… 630 日元

✆ 03-3844-0034
住 台东区浅草 2-1-16
交 地铁浅草站 6 出口步行 3 分钟
营 11 时 30 分～14 时 30 分（14 时点单截止）、17～21 时（20 时点单截止） 休 周一、每月第三个周日
座位 17 个 包间 无
服务费 无
吸烟 不可 预约 可 刷卡 可

三浦屋得意的一道料理，直径 1 尺的华丽有田烧大盘装着顶级河豚刺身（图为 2 人份）

以亲民价格享用颇具气派的味道

浅草 三浦屋（あさくさ みうらや）

河豚料理

这家店的价格亲民，食客可以根据自己的经济情况，安心地享用河豚料理。店里使用的河豚以虎河豚为首，还有潮际河豚、紫色东方豚，均为野生的。经过 36 个小时的腌制，河豚鱼肉变得更加清甜时，不预先加工好，而是现点现切成刺身，搭配上店家自制的橙子醋。每年的 11 月，店家会制作出全年共 300 瓶 1 升装的橙汁存入地下仓库备用，每天只调制当天用量的橙子醋。

价格亲民，做工却很精细的餐厅，是曾在筑地市场担任中间商的三浦国男先生于昭和 38 年（1963 年）创建的。现在由其长子清一先生继承后担任主厨，国男先生则退居二线负责采买工作。店铺正对面，于平成元年（1989 年）建成的三浦屋自家的神轿安放在最初店址遗迹上的神龛中，期待它能够好好守护着这家店。

1

2

3

4

5

1. 创业者研发的拌河豚（图为 1 人份），整块河豚鱼快速汆烫后肉质滑嫩、口感微甜。2. 店门口供着神轿坐镇，由业内名人供奉的威风凛凛的自家神轿。3. 汆烫过的鱼片拌上自制的醋味噌，制成河豚霜降（图为 1 人份）。4. 二楼的桌席可坐 40 人，右边架子上陈列着创始人国男先生收集的数百瓶洋酒。5. 三浦清一先生，每天站在操作台前挥刀展现手艺。

菜单

顶级虎河豚刺身	6300 日元	霜降河豚	1050 日元
河豚刺身	1890 日元	河豚白子	2100 日元
顶级虎河豚火锅	8400 日元	河豚鱼冻	1050 日元
虎河豚火锅	6300 日元	樽酒 一级酒	472 日元
河豚火锅	1890 日元	樽酒 一级鱼鳍酒	682 日元
凉拌河豚	1575 日元	啤酒 大瓶	735 日元

✆ 03-3841-3151

住 台东区浅草 2-19-9

交 筑波特快线浅草站 A1 出口步行 5 分钟或地铁田园町站 3 出口步行 10 分钟

营 12～22 时 休 10 月～次年 3 月无休，4～7 月周三、周四休，8 月全休，9 月周三休 座位 116 个 包间 无

服务费 无 吸烟 不可

预约 可 刷卡 不可

江户名吃葱鲔锅（2 人份）售价 3400 日元，鱼肉来自云裳金枪的下巴肉，搭配糖度较高的千寿葱

吃饱喝足感受正宗的江户范儿

浅草 一文总店

（あさくさ いちもんほんてん）

江湖料理居酒屋

从旅馆改造而来的居酒屋，白色的墙面上装饰着黑色的壁柱，入口处的房檐之上摆着一只太平桶，招牌上写着葱鲔锅，店内装潢让人想起江户时代的风格。账房的柜台、黑色的原木、用竹材隔成的小包间，店内的这些气氛与门面外观如出一辙。昭和 53 年（1978 年）开业，现任总店长是第二代的平川良信先生。

葱鲔锅里使用的金枪鱼肉是加热油脂也不易流失的下巴肉。3400 日元的价位用的是云裳金枪，再高级的是蓝鳍金枪鱼，顶级的是限定产地的蓝鳍金枪鱼。作为配菜的芥菜、千寿葱吸收了金枪鱼的脂肪，这就是地道的老东京味即江户味道。店里平时备有五种鲸鱼肉，以生食、腌、炖等方式享用。

店家能提供 40 多种地酒和 30 种左右的烧酒，包括一些罕见的品种。除了基本的料理之外，可以品尝平川先生自己在逗子市附近钓的鱼，同时享用喜欢的美酒，也是一大乐事。

1. 刺身拼盘（图为 3000 日元），包括用文蛤贝壳刮下来的蓝鳍金枪鱼脊骨上的肉，金枪鱼中腹肉、障泥乌贼、赤鯥和梭子鱼。2. 鲸鱼肉拼盘，包括腌小须鲸鲸肉和鲸皮，长须鲸和布氏鲸尾肉。3. 店内布局让人联想起江户时期的居酒屋风情。4. 一文自创烧卖，共分两层，上层是葱末和辣萝卜泥，下层是高汤清炖鱼肉丸子。5. 图中清酒均来自本店酒单，共有 40 种酒。6. 身兼厨师、河豚厨师、侍酒师、品酒师多重身份及拥有一级驾船执照的平川先生。

菜单

江户名吃葱鲔锅 各 2 人份 ……… 3400 日元・上品 6000 日元・极上品 12000 日元
刺身拼盘 …………………………………… 时价
一文自创烧卖 ………………………… 600 日元
鲸鱼肉拼盘 ………………………… 3500 日元
炖野生鱼骨 ………………………… 500 日元
小锅焖白米饭 ……………………………… 600 日元
“男山”本酿造 德利酒壶 …………… 500 日元
“田酒”特别纯米 德利酒壶 ……… 1000 日元
烧酒 ……………………… 300 毫升 1000 日元起・瓶 4000 日元起
啤酒 大瓶 ………………………………… 700 日元

✆ 03-3875-6800
住 台东区浅草 3-12-6
交 筑波特快线浅草站 A1 出口步行 6 分钟
营 18～23 时（22 时点单截止）* 周六、周日、节假日 17～22 时（21 时点单截止） 休 无休
座位 75 个 包间 3 个（可坐 25 人，无包间费）
服务费 使用店内货币木牌结算即不收 吸烟 不可
预约 可 刷卡 可

握寿司，分别为腌金枪鱼、中腹肉、咸鲑鱼子、海胆、赤贝、白鱿鱼、比目鱼、甜虾共 8 种

寿司游（すしゆう）

从店主掌心送给客人的江户前风味

寿司

脱掉鞋子进到店里便会发现，吧台位的木地板下面有地暖设备。扁柏木料理台上设计了一个内嵌式的冷藏展示柜，之所以选择安装地暖，是不想暖风的热气对食材产生影响。放进冷藏柜之后，食材能够恰到好处地保持低温，还能维持足够的湿度。如此在乎食材的店主冈林睦先生和口齿清晰、姿态端正威严的传统单口相声艺人古今亭志ん朝颇有几分相似。那一整块漂亮的扁柏木料理台和吧台，也就是店主的舞台。

店主站在吧台后，把寿司捧在掌心递到客人面前，据说最好是趁着松软的寿司留有皮肤的温度、包裹在米饭中的空气还没跑掉时吃最美味。所有制作寿司的鱼类或者其他食材都经过前期加工，所以客人只需把寿司轻轻送到口中便可。这种简单质朴的感觉和寿司饭恰到好处的余温才是真正地道的江户前风味。

1. 传统的煮文蛤寿司，将文蛤放在煮汁中腌渍入味，不需要再抹料汁。2. 只有坐在吧台位，才能体会到从店主手中接过寿司的乐趣。3. 鲣鱼寿司使用的是三陆海域产的秋鲣，将葱、姜混合撒在鱼肉上。4. 星鳗寿司，选择东京湾产的星鳗，先白煮再用炭火烤制，搭配粟国的盐再撒上清香的酸橙汁。5. 料理台和吧台都是用一整块纯色扁柏木制作的，料理台上设计了内嵌式冷藏柜。

菜单

握寿司 …… 5300 日元
腌金枪鱼寿司 …… 4800 日元
寿司拌饭 …… 4800 日元
腌金枪鱼盖饭 …… 5000 日元
生寿司拌饭 …… 8400 日元
游·握寿司 …… 10500 日元
套餐 两人起售 …… 月 10500 日元·雪 15700 日元·花 21000 日元
“樱正宗”本酿造 德利酒壶 …… 700 日元
“久保田 千寿”德利酒壶 …… 1300 日元
烧酒 …… 杯 700 日元起·瓶 7300 日元起
啤酒 中瓶 …… 700 日元

✆ 03-3845-1913
住 台东区西浅草 3-16-8
交 筑波特快线浅草站 A2 出口步行 1 分钟
营 17～24 时（点单截止） 休 周日、节假日
座位 24 个 包间 2 个（可坐 14 人，无包间费）
服务费 无 吸烟 吧台位不可、包间可
预约 完全预约制 * 可当日预约
刷卡 可

寿司刷上料汁，使用大间产的蓝鳍金枪鱼中腹、东京湾的斑鰶和青森县产的比目鱼

让人食指大动的江户前名品寿司

鮨 松波（すしまつなみ）

寿司

虽说东京很大，但这种风格的寿司屋还真是让人有点难以想象。拉开推拉门后，里面是用石子铺成的地面，从地面向二楼延伸的铁制旋转楼梯让人联想到腾空而起的龙，店内的气氛宛如静谧的神话世界。长 10 米、用树龄 200 年的尾州扁柏木制成的吧台就像打磨过的龙的脊骨。吧台对面墙壁上的正中央，一面巨大的圆形镜子难道不就是八尺镜（译注：日本神话中的三种神器之一）本镜吗？面带微笑的第二代店主松波顺一郎先生说：“希望客人们都能怡然自得、轻松畅快地享用美食，才会把店面装饰成这样。”

在看不见的地方花心思，让人发出“如此讲究”的由衷的赞叹，而在看得见的地方，寿司外观不华丽、不强势，味道上也是极尽柔和。精致到极点的江户前寿司名品的确是要在轻松惬意的氛围中享用才能传递出它真正的价值吧。

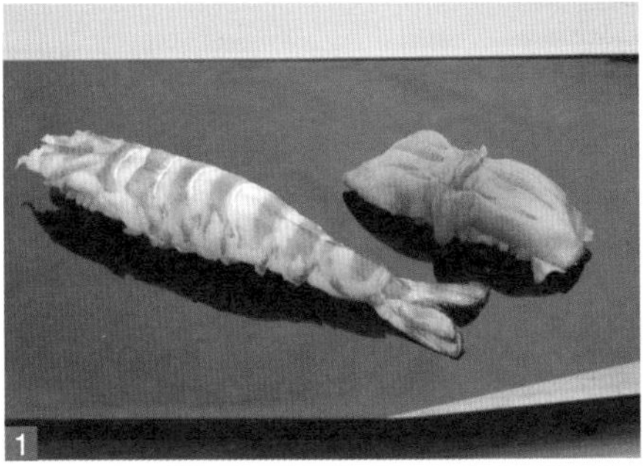

1. 高级的红白相间的对虾产自富津海域，这就是江户前的色彩，赤贝也是顶级的宫城县閖上地区出品。2. 葫芦干的颜色清淡，但十分入味又不过咸，有如高级甜点的玉子烧是用黄虾和山药做成的。3. 富津海域产的墨鱼肉质爽脆，星鳗产自东京湾，只凭颜色看不出涂抹了料汁。4. 严选的食材多来自东京湾及其近海地区。5. 店内的装潢有一种庄严神圣之感。6. 店主认为“寿司就是艺术品”。

菜单

主厨推荐套餐 ………………………… 20000 日元起
“贺茂鹤”温酒 180 毫升德利壶・冷酒 180 毫升 …………………………………… 各 1050 日元
“罗生门”大吟酿 180 毫升 ……… 2625 日元
啤酒 小瓶 ………………………………… 1050 日元

✆ 03-3841-4317
住 台东区驹形 1-9-5
交 地铁浅草站 A1 出口步行 2 分钟或地铁田原町站 2 出口步行 5 分钟
营 17 时～21 时 30 分（20 时点单截止）* 如有预约午间也可营业
休 周六、周日、节假日
座位 15 个　包间 无
服务费 无　吸烟 不可
预约 最晚需提前一天预约　刷卡 可

刺身拼盘 4 种起售，图为金枪鱼中腹、鰤鱼、赤贝等 7 种拼盘 3 ~ 5 人份，4000 日元

料理品种丰富、量大质优

鱼料理 远州屋

（さかなりょうりえんしゅうや）

大众割烹料理

每天使用的食材仅海鲜就有五六十种，全部加起来可能高达两三百种。也就是说，料理的种类也如此之丰富，基本菜单粗略估计就有 140 种菜品，每月轮换 30 种左右，还有 30 多种套餐，价位从午餐的 2500 日元到晚餐的 25000 日元。能够做到食材丰富、质量有保证、分量实在而且价格亲民，自然是有它的原因。

曾经在日料店学习过的店主于昭和 41 年（1966 年）开设这家餐厅，虽然现在不亲自掌勺，但仍然是个每天跑鱼市场的行家里手。由于信用良好，经常被批发商带着敬意揶揄说“这家料理店要求好多”，所以也经常能以划算的价格买到好东西。由于店面是自家的，所以料理价格也就不用加上租金了。很多在河岸鱼市工作的人也经常光顾，一定是清楚这家店“物美价廉的方程式”。

1. 能登海域的寒鰤鱼涮锅（冬季限定，图为 3 人份），摆盘如牡丹花般美丽，配菜的种类和数量也够丰富。2. 鳕鱼、虾、文蛤等，鱼类和贝类总计约 10 种，算上蘑菇等蔬菜有 23～26 种，店家自制的什锦火锅（图为 3 人份），冬天和夏天都人气满满。3、4、5. 橙子醋拌鳕鱼白子、炸鲽鱼、银鳕鱼西京烧，基本的下酒菜品种也不少。6. 三楼是传统的大开间座席，空间宽阔，可坐 60 人。

菜单

刺身拼盘……1100 日元
能登寒鰤鱼涮锅……1300 日元
什锦火锅……1800 日元
橙子醋拌鳕鱼白子……750 日元
炸鲽鱼……680 日元
银鳕鱼西京烧……530 日元
“白雪”标准 180 毫升……320 日元
“菊正宗”标准 180 毫升……380 日元
“一之藏”标准 180 毫升……620 日元
“八海山”“越乃寒梅”标准 180 毫升…各 740 日元
烧酒…标准 180 毫升 280 日元起・瓶 2000 日元起
啤酒 中瓶……540 日元

✆ 03-3844-2363
住 台东区寿 2-2-7
交 地铁田原町站 2 出口步行 2 分钟
营 11 时 30 分～14 时（点单截止）、17～23 时（22 时 30 分点单截止）
休 周日＊如预约可协商
座位 170 个　包间 7 个（可坐 150 人，无包间费）
服务费 无　吸烟 根据客人意愿分区
预约 可　刷卡 可

太平洋鳕鱼涮锅（图为 2 人份），11 月 ~ 次年 3 月上旬的主打料理，鳕鱼均为当日进货

东北畔（ひがしほくはん）

以料理和地酒尽享陆奥精髓

陆奥料理

招牌菜太平洋鳕鱼涮锅是日本东北地区冬季的代表性料理之一。火锅里有鳕鱼肉、鱼骨、鱼头、白子，还加上香菇、胡萝卜、葱、白菜、牛蒡等，什么都可以放进去煮，加上味噌煮至沸腾，可以吹着热气吃下去，可惜的是这道火锅只能在捕到太平洋鳕鱼的冬天供应。但是除此之外，本店还备有雷鱼、枪乌贼、鲱鱼、海蛸盐辛、莫久来（译注：海蛸盐辛和海参内脏盐辛两种食物混合而成）等 10 种左右的陆奥地区美食，以及 13 种陆奥地酒，随时都会让人有回到故乡的感觉。这家店里经常能看到读懂这种味道的成年人颇为感慨地品酒聚餐的情景，感觉很有情怀。

店内各处装饰着弘前睡魔祭的绘画、书法、壶、大盘子等，宛如民间工艺品商店。每个月的第二个周一（遇上节假日改为第三个周一）的 19 时 30 分开始还有津轻三味线的现场演出。

1. 将枪乌贼的身体、触须和内脏一起先烤后炖，再加大量葱白暖胃微苦，既下饭又下酒。2. 雷鱼一夜干和酒类，分别是“南部美人”特别纯米 840 日元、“睡魔”本酿造 660 日元（各 180 毫升）、“田酒”特别纯米一壶 360 毫升。3. 软硬适中的花椒味噌烤鲱鱼，用来提味的黑胡椒微辣，是下酒好菜。4. 带有烟熏痕迹的石灰天花板上交错着黑褐色的房梁，是遒劲结实的日式风格。

菜单

太平洋鳕鱼涮锅 ………… 3200 日元
炖烤枪乌贼 ………… 660 日元
花椒味噌烤鲱鱼 ………… 680 日元
雷鱼一夜干 ………… 480 日元
套餐 ………… 月 4000 日元・花 5000 日元・宴 6000 日元＊内容随季节变换
〈午餐〉东北畔便当 …… 780 日元 / 烤鱼定食 ………… 860 日元
“初孙”本酿造 180 毫升 ………… 740 日元
“田酒”特别纯米 180 毫升 ………… 940 日元
烧酒 ………… 杯 450 日元・瓶 2980 日元起
啤酒 中瓶 ………… 600 日元

✆ 03-3832-3561
住 台东区东上野 2-13-8 Arkadia 大厦 1F
交 JR 上野站中央口步行 6 分钟
营 11 时 30 分～14 时、17～23 时（22 时点单截止）
休 周六、周日、节假日＊如有 10 名左右客人预约，周六也可营业
座位 46 个　包间 6 个（可坐 30 人，无包间费）
服务费 无　吸烟 可
预约 可　刷卡 可

刺身拼盘的鲜度没话说，分量和种类多到令人惊讶（图为 9 种、2 人份），色彩缤纷

行德（ぎょうとく）

服务和菜量都很到位的鲜鱼料理

鲜鱼料理

打开推拉门进入店内，左手边的吧台柜一直延伸到底，正对面是和吧台几乎一样长的冷藏展示柜，里面展示的食材很有感染力。一整条活缔鲣鱼、鲽鱼、石鲷等季节性鱼类，让人眼前发亮。还有竹荚鱼、秋刀鱼、鲷鱼头和各种贝类。对于喜欢吃鱼的人来说，这番景象光是看着就想跃跃欲试了。站在吧台前面的正是店主大草修先生。

店主亲自去市场挑选活鱼，当场就请人处理好。即便是用来炖或者烤，也只选用可以生食的活鱼。另外，刺身拼盘里还包含了一些事先处理过的食材，比如用醋浸泡过的斑鰶、酒蒸鲍鱼和焯过水的中国蛤蜊。无论是炖、烤还是锅物，都极为用心，分量也毫不吝啬。“我们一开始就是做鲜鱼生意的，期待您冬天的时候来品尝安康鱼锅。”店主爽朗的笑容让人感觉亲切。

1

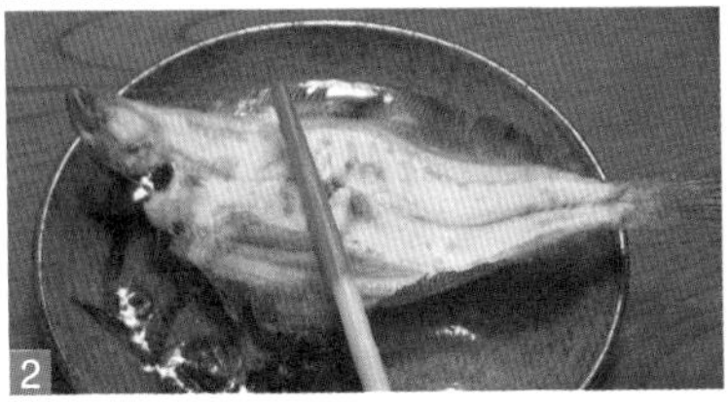

2

3

4

5

1. 1 人份的鲷鱼火锅，味道整体偏清淡，就算量多也吃得下，最后的什锦咸粥值得期待，合金打造的锅具是特别定做的。2. 生烤柳鲽鱼，虽然个头不大，但肉质富有弹性，略甜且很有嚼劲。3. 餐前小菜石川芋头 500 日元起。传统上是用枡喝桶装酒并附上粗盐。4. 大草先生说“这家店最早是鲜鱼店”。5. 宽阔的吧台可以舒服地坐六个人，眼前的冷藏展示柜引人注目。

菜单

刺身拼盘 ······································ 3500 日元
刺身 ··· 秋刀鱼 1200 日元 · 石斑鱼 3000 日元
烤物 ··· 柳鲽鱼 1500 日元起 · 秋刀鱼 1200 日元 · 竹荚鱼 1500 日元 · 鹿儿岛产文蛤 2 只 1500 日元
煮物 ··· 石狗公活鱼 2500 日元起 · 虎鱼 3000 日元起 · 喜知次 4500 日元起
鲷鱼锅 ······································ 3500 日元
“贺茂鹤”本酿造 德利酒壶 ········· 500 日元
“白雪”樽酒 约 200 毫升 ·············· 650 日元
烧酒 瓶 ····························· 3000 ～ 6000 日元
啤酒 大瓶 ································ 600 日元

Ⓒ 03-3831-0390
住 台东区东上野 2-1-16 行德大厦 1F、2F
交 地铁上野广小路站或上野御徒町站 A3 出口步行 1 分钟
营 17～23 时
休 周日、节假日
座位 30 个　包间 3 个（可坐 24 人，无包间费）
服务费 10%　吸烟 可
预约 可　刷卡 可

来自松套餐的野生河豚火锅（图为 2 人份），香气四溢的火锅结束后还能享用汤头煮的咸粥

荷引（にびき）

近乎成本价提供严选的虎河豚

河豚料理

“黑船来航”事件的五年前，在尚未风起云涌的嘉永元年（1848 年），这家店在上野创立。开业时是居酒屋，明治年间转为经营河豚料理，又在明治末年搬到了现在的位置。现任第七代店主吉田吉朗先生，曾经是时津风相扑部屋的二级力士。昭和 52 年（1977 年），被经常来部屋的相扑爱好者、上一代店主招为乘龙快婿，并在两年后取得了河豚调理师的资格。从那时起吉田先生一直和夫人喜久江共同守护着这块老字号的招牌。

昭和初年建成的这栋建筑物，虽然维护费用不低，但好在没有房租。而且店内全靠夫妇二人分担工作，也没有人工成本，餐具上也不花大价钱，因此成本完全花在虎河豚身上。店里采购的河豚是店家能力允许范围内的最高水准，而且售价也几乎是成本价。

夫妇二人笑称，对他们来说最重要的就是看到客人脸上浮现出“料理太好吃了”的表情。得到这样的款待，怎能不被深深感动呢？

1. 松套餐的野生虎河豚刺身（图为 2 人份），为了保持河豚的口感和鱼肉的清甜，鱼片切得较厚。2. 暖帘上印着圆圈里两个横道的家徽，前面站着魁梧的吉田先生和可爱的喜久江女士。3. 店内装饰保持着古色古香的平民区居酒屋风情 4. 将河豚肉和皮熬成鱼冻，浓缩了河豚的精华，口感弹牙。5. 一道店主的原创料理，将带皮的鱼肉快速汆烫，拌上醋味噌食用。

菜单

野生虎河豚刺身・火锅 ………… 各 8400 日元
虎河豚刺身・火锅 …………… 各 3150 日元
汆河豚鱼片・鱼皮刺身 ………… 各 2500 日元
炸天然虎河豚鱼骨 ……………… 2500 日元
鱼冻 …………………………… 840 日元
套餐：刺身・火锅・小钵・什锦咸粥 … 松 18900 日元・梅 8400 日元
“天风” 180 毫升 ………………… 630 日元
鱼鳍酒 180 毫升 ………………… 950 日元
烧酒〈芋酒・麦酒〉… 杯 630 日元・瓶 3600 日元
啤酒 大瓶 ……………………… 630 日元

✆ 03-3872-6250
住 台东区下谷 3-3-7
交 地铁入谷站 3 出口步行 5 分钟
营 17～22 时（21 时 30 分点单截止）
休 11 月～次年 3 月无休，4～6 月和 9 月 21 日～10 月期间周日、节假日休息，7 月～9 月 20 日期间全休　座位 50 个　包间 2 个（可坐 20 人，无包间费）　服务费 无　吸烟 可
预约 可（5 人以上的宴会需预约）　刷卡 可

太平洋鳕鱼的鱼骨汤搭配新鲜的顶级白子，只在 11 月上旬到次年 3 月供应的料理

米茶月堵（みぢゃげど）

来自名门之后掌厨的传统料理

津轻料理

老板娘北泽美枝女士是世代担任津轻藩御用承包商的石场家的长女，从小时候起就开始接受津轻传统料理制作的训练。这位老板娘所推出的有季节特色的套餐，无论是刀工还是菜肴的调味，都原原本本地继承了津轻的传统。米茶月堵（日语为みぢゃげど）原本指的是弘前的一处沼泽地，据说少女时代的老板娘觉得，みぢゃ在津轻的方言中指的是清洗餐具的洗碗池，げど的意思是街道，所以才取的这个名字。

昭和 53 年（1978 年）开业以来，不管是一整条活缔的太平洋鳕鱼，还是其他食材，都是从津轻直送到店的，只是由于季节的不同，供应地点不完全一样。而且所有的食材都是即刻加工，绝不耽搁，所以只经营时令套餐，也只接待预约的客人。老板娘负责采购和烹饪，炭火的管理和烤物则由丈夫信敏先生负责。二人制作的津轻料理广受赞誉，无论是不是津轻人都会由衷赞叹“这才叫地道啊”。

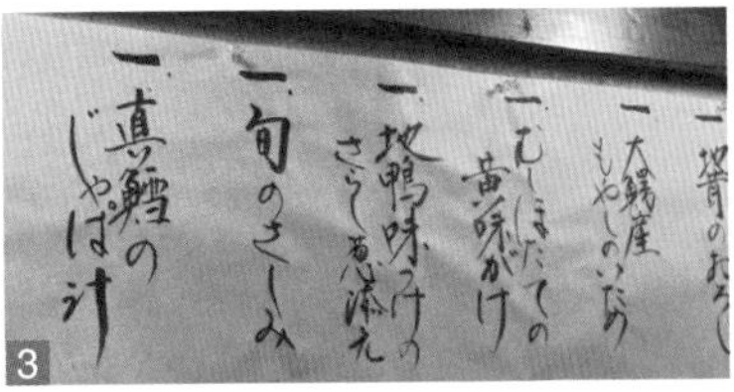

1. 来自10月菜单上的酱油腌生鳕鱼子，撒上海苔碎，加了酒之后味道咸中带甜，而且入口即化，没有任何残留的鱼子皮影响口感。2. 有了底味的鲱鱼干最适合搭配比较烈性的酒，除了酒和酱油之外，腌渍过程中加入多种调料，但据说“细节属于商业机密”。3. 菜单几乎每月更换，上面的字更应该称为书法，是老板娘手书。4. 店内装潢体现出津轻商家的面貌。5. 三种弘前地区的知名日本酒，均为丰杯米酿造。6. 喜欢说爽快的津轻方言的老板娘，开朗明亮的笑容让人印象深刻。

菜单

季节套餐料理 ………………………… 8500 日元
弘前地酒“丰杯”
　ん 本酿造 720 毫升 ……………… 2800 日元
特别纯米酒 … 360 毫升 1900 日元 · 720 毫升 3800 日元
纯米吟酿俱乐部 720 毫升 ………… 5500 日元
大吟酿寒仕込み 360 毫升 ………… 3200 日元
亀翔 纯米吟酿 360 毫升 …………… 8000 日元
おまちどう 纯米大吟酿 720 毫升 …8000 日元
烧酒“津轻海峡”米 720 毫升 …… 6300 日元
啤酒 中瓶 ……………………………… 750 日元

✆ 03-3823-6227
住 台东区谷中 2-5-10
交 地铁千驮木站 1 出口步行 10 分钟
营 18～22 时
休 周六、周日、节假日
座位 16 个　包间 1 个（可坐 4 人，费用 3000 日元）
服务费 无　吸烟 不可
预约 最少提前三天预约　刷卡 不可

咸鲑鱼子、海胆、对虾、中国蛤蜊、江瑶、扇贝，配料丰富但没鱼类的海鲜饭

认真的店主制作的真挚寿司

鮨 安田（すしやすだ）

寿司

从昭和57年（1982年）开业时就建在汤岛天神参道对面的这家寿司店现在依然重视外卖业务，这在个人经营的寿司店中已经非常少见了（为慎重起见特此说明，本店绝对不会怠慢来店用餐的客人）。外送的客户以创始人安田祯昭先生指定的特许供货商汤岛神社为首，还包括东京大学、学士会馆和附近的一些公司。据说多的时候一次就会订500人份的餐食。

握寿司均为江户前风格，所以星鳗、赤贝、竹荚鱼、障泥乌贼等食材，虽然说不上全部，但大部分都是店主每天亲自前往筑地市场进货，尽可能选择东京湾产区。金枪鱼大部分也是从专门给高级料理店供货的批发商那里采购的，但是价格经济实惠。这也就表示，安田先生对于寿司的态度极为认真。如此认真的店主有道拿手菜，叫作合格玉子烧（合格指通过考试），吃了的话不管什么考试都能无往不利。

1

2

3

4

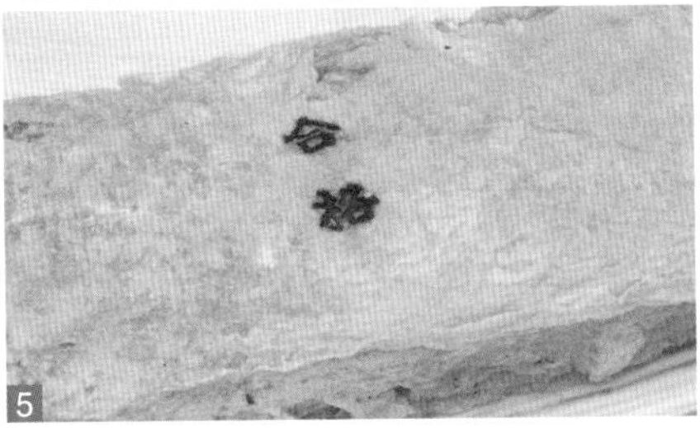

5

1. 寿司拼盘，共有 7 种 9 个，左起依次为金枪鱼中腹 2 个、海胆、咸鲑鱼子、对虾、玉子烧 2 个、江户前障泥乌贼和赤贝。2. 店里谈不上什么装修，完全走平民路线。3. 从开业至今店主一直是一个人稳居操作台前。4. 3 种下酒菜各 700 日元，前排是干烧枪乌贼，后排左右分别是烤扇贝、蔬菜煮物。5. 店主的拿手菜，合格玉子烧，用了 12 个鸡蛋，1 份有 500 克，当作礼物送给考生很受欢迎，在考试季一天就能卖出数十枚。

菜单

海鲜饭・金枪鱼海苔卷 ……………… 2000 日元
寿司拼盘・寿司拌饭 … 普通级别 1800 日元・上级 2600 日元・特上级 3500 日元
合格玉子烧 500 克 ……………………… 1100 日元
腌金枪鱼盖饭 ………………………………… 3000 日元
寿司卷 ………………………………………… 1500 日元
〈午餐〉大份寿司拌饭 … 900 日元 / 刺身定食 ……………………………………… 1200 日元
“金鸱杯”德利酒壶 ……………………… 600 日元
“八重寿”冷酒 300 毫升 …………… 1000 日元
烧酒 麦 瓶 ……………………………………… 3000 日元
啤酒 中瓶 ……………………………………… 600 日元

✆ 03-3832-7675
住 文京区汤岛 2-23-10
交 地铁汤岛站 3 出口步行 3 分钟
营 11～20 时（点单截止）
休 周六
座位 20 个　包间 1 个（可坐 12 人，无包间费）
服务费 无　吸烟 白天不可
预约 可　刷卡 可

自制味噌酱制成的火锅（图为 2 人份），图片后方为刺身拼盘（5 种）

夏天也能吃到火锅的专门店

旬彩四季料理 汤岛锅家

（しゅんさいしきりょうりゆしまなべや）

大众割烹料理

在各种酒铺、餐厅鳞次栉比的繁华地段一角，一块明黄色的招牌非常醒目，屋檐下挂着大大的灯笼和暖帘。店里分成两层，一层是半地下结构的吧台座和桌席，意外地让人心情舒畅，楼上是榻榻米座席。在刺身、烤物、煮物、天妇罗、鱼料理等众多美味之中，最引人注目的无疑还是各种各样的火锅（2 人份起卖），难怪店名叫“汤岛锅家”。

锅家的火锅绝对是招牌菜中的招牌菜。以鲑鱼、虾、牡蛎、梭子蟹、银鳕鱼、扇贝等多种海鲜为主角（随季节变化内容略有调整），此外还有鸡肉、葛粉条、香菇、滑子菇、白菜、茼蒿等配菜。再加上自制的大吟酿味噌，无与伦比的丰润口味和热度同时温暖着食客的身心。单品料理就有数十种，是能够让客人酒足饭饱的一家店。

1

2

3

4

5

1. 凉拌赤贝冬葱(850日元),后排左起为三千盛、田酒、黑龙、特选吟酿。2. 北海道产一本钓喜知次鱼火锅虽然做法简单,但足以享受到白身鱼特有的香醇油脂(图为2人份),全年供应。3. 虎河豚鱼火锅(图为2人份),供应季节为9月秋分日到次年3月春分日,河豚分量约为一整只。4. 后排往右到前方分别为烟熏鲸肉、熊本直送的霜降马肉刺身、烤竹笋1300日元。5. 半地下的吧台座和桌席,总是让人流连忘返。

菜单

锅家火锅・特制什锦锅 ………… 各1人份 2300 日元

下关直送天然虎河豚鱼火锅・刺身 ………… 各 4600 日元

一本钓喜知次鱼火锅 ………… 4800 日元起

刺身拼盘 ………… 三拼 1900 日元

烟熏鲸肉 ………… 2000 日元

熊本直送的霜降马肉刺身 ………… 2200 日元

"田酒"特别纯米 杯 ………… 900 日元

"飞露喜"特别纯米 杯 ………… 1100 日元

烧酒 ………… 杯 550 日元・瓶 4800 日元

啤酒:中瓶 ………… 650 日元

✆ 03-3836-0459

住 文京区汤岛 3-43-11 目崎大厦 1F

交 地铁汤岛站2出口步行3分钟或JR御徒町站北口步行5分钟

营 17时~凌晨4时(3时30分点单截止)

休 周日、节假日 *9月~次年3月期间节假日营业

座位 47个 包间 无

服务费 无 吸烟 可

预约 可 刷卡 可

切成大薄片的章鱼涮锅（图为 2 人份），新鲜程度足以做刺身食用

内容丰富、下足功夫的章鱼料理

章鱼屋 三忠（たこや さんちゅう）

章鱼料理

店内所到之处都装饰着章鱼造型的工艺品或摆饰，还有客人存在店里的原创烧酒“蛸かいな”，酒壶也是一字排开。在这家店里料理章鱼 20 多年的店主佐藤由之先生身边也都是章鱼。他说：“把活章鱼按照自己的想法加工是一件很有意思的事情。”平时店里提供的章鱼料理就有 20 种左右。中华章鱼和巨型章鱼用的比较多，因为季节的原因，有时候也用短爪章鱼。根据章鱼的肉质，刺身一般选用中华章鱼和巨型章鱼，制作涮锅类的料理也是用巨型章鱼。也有不容易吃到的加入墨鱼汁的章鱼饭，售价为 1050 日元，章鱼可乐饼 630 日元。

在许多料理中，店主“要让客人完整地享用一条鱼”的理念得到了充分体现（这里介绍的是金目鲷）。鱼的价格不菲，只用来做刺身太过浪费，所以要让客人享用一整条鱼，于是就有了从鱼头到鱼骨都入菜的料理，从中也能体会出店主对于鱼的用情至深。

1

2

3

4

5

1. 从上到下依次为鱼骨煎饼、烤鱼头、刺身、手鞠寿司，享用一整条的金目鲷。2. 巨大的金字塔形明石烧，内含鱼肉泥、章鱼和4只鸡蛋，虽说是1人份，可足够4～5个人食用。3. 活章鱼（图为1人份），一整条活切章鱼腿，白色的章鱼肉弹性十足，略带甜味。4. 位于二楼的餐厅有着居酒屋的气氛，轻松惬意。5. 开朗的店主长年品尝和烹调章鱼。

菜单

章鱼涮锅 …… 1890日元
生吃活章鱼 …… 1260日元
章鱼刺身双拼 中华章鱼与巨型章鱼 … 1575日元
章鱼刺身・大块烤章鱼 …… 各1050日元
享用一整条金目鲷！ …… 1680日元
明石烧・章鱼盖饭 …… 各1050日元
豪华章鱼饭 …… 1890日元
“立山”本酿造 德利酒壶 …… 577日元
“山樱桃”纯米吟酿 德利酒壶 …… 840日元
原创麦烧酒“蛸かいな”
… 360毫升1575日元・180毫升7350日元
啤酒 中瓶 …… 630日元

✆ 03-3824-2300

住 文京区千駄木3-1-17 Domeal千駄木201
交 地铁千駄木站1出口步行2分钟
营 11时30分～14时（点单截止）、18时～23时30分（23时点单截止）＊周六、周日、节假日17时开始
休 周三　座位 36个　包间 无
服务费 无（餐前小菜200日元）　吸烟 可
预约 可　刷卡 可

主厨推荐套餐拼盘（图为 4200 日元），食材和米饭完美融合成一体

用心之处值得细品的『主厨推荐套餐』

鮨 铃木（すしすずき）

寿司

店主铃木次男先生大学学的是建筑专业，还是空手道黑带选手，有着和寿司职人完全不沾边的另类经历。在筑地的喜乐鮨学习了 14 年后，于平成 9 年（1997 年）开起了这家寿司店。喜乐鮨出名的地方在于其对白身鱼和银皮鱼的加工技巧，铃木先生不仅学到了这项技能，还加上了自己在寿司上的创意和付出的辛劳，以及对下酒菜的热爱。

菜单里丰富的下酒菜几乎都是铃木先生原创，如果让他自己说的话，就是要在好食材之外再多下点功夫，不过说到底，最重要的还是寿司。每天清晨，铃木先生都要亲自去筑地采购食材，思考如何将这些食材做成自己想要的寿司。在喜乐鮨有这样一句话，“四分食材，六分米饭”，所以本店选用的都是粒粒饱满、不太有黏性的越光大米，就连寿司饭的选择也没有丝毫懈怠。

自己采购、自己加工，一切为了客人露出“好吃”的笑容，请您在前来享用寿司的时候就放心地交给店主安排吧。

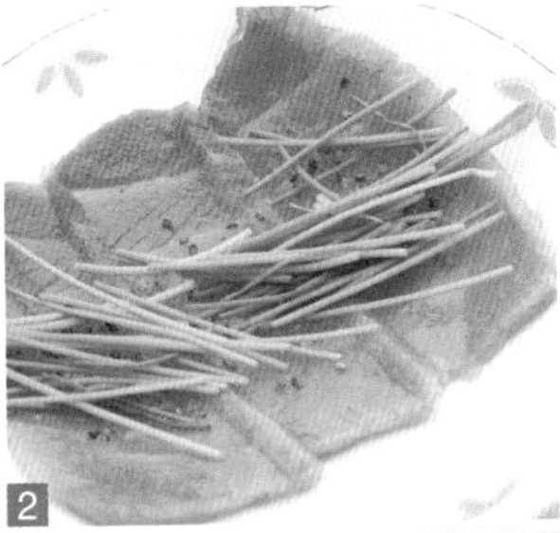

1. 将白身鱼切成薄片，里面卷上安康鱼肝、香葱、红萝卜泥，再撒上橙子醋，越嚼越能体会到微甜的味道在口中蔓延。2. 薄切金枪鱼鱼腹，搭配胡椒盐、细香葱，为了让高品质的盐激发出独特而复杂的甜味，鱼腹切得很薄。3. 淡褐色基调的店内环境洁净而明亮。4. 铃木先生（右）和年轻店员山腰先生，山腰是铃木先生在喜乐鮨学习时的师兄的儿子。5. 炙烤金枪鱼腹搭配山葵，腹肉的脂肪以酱油腌渍过的细切山葵解油腻。

菜单

主厨推荐握寿司 ………… 4200 日元起
白身鱼卷安康鱼肝 ………… 1260 日元
薄切鱼腹配花椒盐和小葱 ………… 840 日元
炙烤鱼腹配山葵 ………… 2100 日元
白烤星鳗 ………… 1260 日元
“三千盛”本酿造 180 毫升 ………… 630 日元
“骏”纯米 180 毫升 ………… 630 日元
烧酒 ………… 杯 630 日元・瓶 2625 日元起
啤酒 中瓶 ………… 630 日元

✆ 03-3817-7711
住 文京区本乡 2-31-1
交 地铁本乡三丁目站 1 出口步行 5 分钟
营 12～14 时、17～22 时
休 周日、节假日　座位 18 个
包间 2 个（可坐 8 人，无包间费）
服务费 无　吸烟 可
预约 可＊约满的情况很多　刷卡 可

《古事记》中的鱼
——真鲷

日本最古老的典籍《古事记》中，火远理命（山幸彦）有一章中写道，山幸彦向哥哥火照命（海幸彦）借来的钓钩被鱼吞了，为了寻找这个钓钩，山幸彦来到海神的宫殿，三年后在赤海鲫鱼的喉咙里发现了扎在上面的钓钩。这条吞了钓钩的鱼就是真鲷。

真鲷和日本人的渊源很深，据说真鲷优美的外形被日本人所喜爱是始于镰仓时代，而得到崛起的武士阶层的推崇，最终取代此前的香鱼和鲤鱼，成为“鱼中之王”则是在进入江户时代以后。元禄年间（1688～1704）来到日本的恩格柏特·坎普法（译注：Engelbert Kaempfer，德国生物学家）在《日本志》一书中有这样的记载：由于真鲷和福神惠比须形影不离，所以被视为能够给人带来福气的鱼，加之其美妙、威仪的身姿，在日本被视为鱼中之王。

鲷鱼一词日语发音的来源，有研究认为是源于“たいらうお”（译注：汉字写作平鱼），更有力的一种说法是源于朝鲜语的トミ（tomi）一词。新井白石（译注：江户时代中期的政治家、学者）也评论说：“鲷鱼的叫法，可能是来自三韩的方言，近来的朝鲜习惯于将此鱼称为トミ，写成‘道味鱼’三个字，这个发音就是从那个国家古时候对鲷鱼的称呼转化而来的。”

鱼类知识普及中心资料馆馆长坂本一男

江东区・墨田区

向島
首都高速
墨田区屋内プール
体育館
見番通り
羽子板資料館
東向島一丁目
東向島二
コモディ
イイダ
水戸街道
東向島二丁目
すみだボランティア
センター
曳舟駅
言問小
向島五丁目
東向島一
長命寺
墨田区
向島五
ふじのき公園
桜茶屋
向島四
向島 桥本 P162
向島四丁目
大岩医院
東武亀戸線
東武伊勢崎線
曳舟川通り
向島三
桜橋通り
押上二
向島三丁目
墨田中
小梅通り
押上二丁目
本所高

両国
両国中
日大一高・中
国技館
相撲博物館
横網一丁目
北斎通り
両国駅
亀沢一丁目
江戸東京博物館
ビアステーション
両国
両国駅
総武線
東口
田島病院
ベルグランデ
A5
国技館通り
緑一
京葉道路
両国三
本所署
両国二
両国 河豚
瓢箪
P164
両国
シティコア
両国
三丁目
両国小
両国
公園
都営大江戸線
緑
一丁目
回向院
清澄通り
両国
二丁目
墨田区
両国四丁目
竪川
首都高速

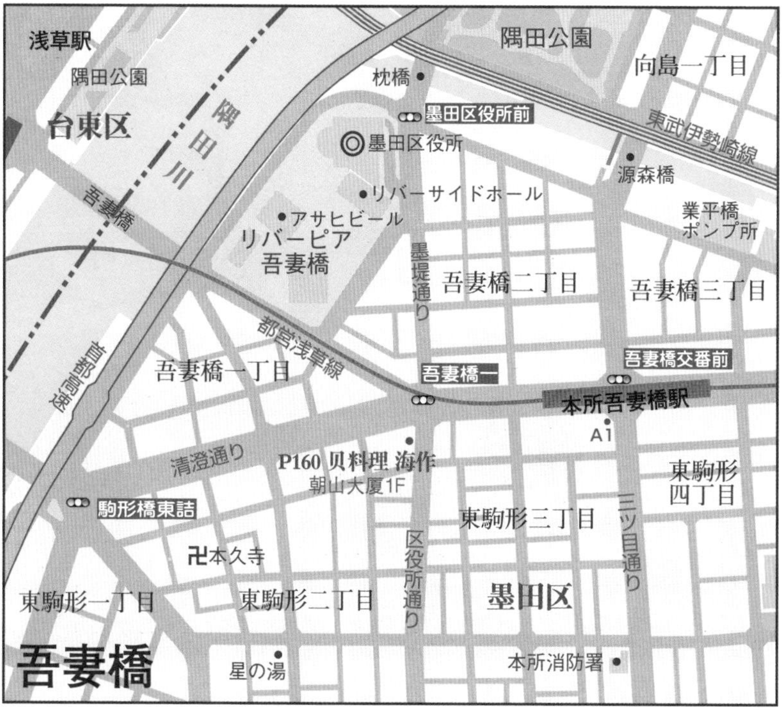
吾妻橋
浅草駅
隅田公園
台東区
隅田川
吾妻橋
首都高速
隅田公園
枕橋
墨田区役所前
墨田区役所
リバーサイドホール
アサヒビール
リバーピア
吾妻橋
向島一丁目
東武伊勢崎線
源森橋
業平橋
ポンプ所
墨堤通り
吾妻橋二丁目
吾妻橋三丁目
都営浅草線
吾妻橋一丁目
吾妻橋一
吾妻橋交番前
本所吾妻橋駅
A1
清澄通り
P160 貝料理 海作
朝山大厦1F
駒形橋東詰
東駒形
四丁目
東駒形三丁目
三ツ目通り
区役所通り
本久寺
東駒形一丁目
東駒形二丁目
墨田区
星の湯
本所消防署

門前仲町
福住
一丁目
首都高速
深川一
葛西橋通り
永代
二丁目
江東区
門前仲町
一丁目
永代通り
東西線
門前仲町駅
赤札堂
臨海小
門前仲町
深川 志香
4
Swing（スインゲ）大厦1F
P158
門前仲町駅
黒船橋
門前仲町
二丁目
都営大江戸線
清澄通り
大横川
牡丹町通り
牡丹
一丁目
牡丹町公園

深川七中
毛利小
猿江恩賜公園
毛利
二丁目
毛利一丁目
半蔵門線
住吉銀座
B2
割烹 焼蛤
P156
新大橋通り
都営新宿線
住吉駅
住吉二
住吉局
住吉二丁目
日の出湯
墨田区
四ツ目通り
東京ガス
グラウンド
猿江一丁目
猿江二丁目
釜屋掘通り
住吉

1：7,500

0 200m

地図の方位は真北です

大盘子上铺着扁柏叶，盛着刚烤好的蛤蜊，可用夹子夹着壳享用

期待烤蛤蜊之后的神秘料理

割烹 烧蛤（かっぽう やきはま）

创作割烹料理

虽然位于街面上，但这家店却被郁郁葱葱的绿色植物包围，不留意的话很可能会错过。屋内光线略暗，原木的椅子和矮脚饭桌都让人觉得好像闯进了隐秘的城堡，瞬间忘却外面世界的喧嚣。

店里没有固定菜单。上前菜（会为初次到访的客人提供别出心裁的食物）之后，店家会准备铺着扁柏叶的笼屉，用备长炭烧好的蛤蜊会源源不断地被送上来。产自九州各地和鹿岛的蛤蜊有着清香和甘甜的滋味，一不注意就连吃了三四十个。据说曾有食客能一口气吃掉150个。

对蛤蜊吃到满足后，可以问问老板娘“今天还有什么”。蛤蜊是菜品的一部分，店主平山元美先生不但能够制作正宗的料理，还有很多跨界的创意，说不定还私藏了什么精彩的神秘佳肴。

1. 鳗鱼肝朴叶烧，三人吃正好，新鲜鱼肝口感弹牙。2. 使用品川海域产的江户前星鳗火锅，牛蒡香味十足，风味类似传统柳川锅。3. 前菜的内容不断变化，图中有蕨菜、烟熏三文鱼、生豆皮、凤螺。4. 超然物外的店主平山元美先生和豪爽的老板娘恭子夫人。5. 吧台前面的椅子都是原木制成，店内装潢厚重有神秘感。6. 用清淡的寿喜烧料汁炖煮的安康鱼肝火锅，足够两人食用。

菜单

烤蛤蜊 1 个	200 日元	红烧喜知次鱼	2500 日元起
安康鱼肝火锅	2500 日元	烤毛蟹	3500 日元起
前菜・鳗鱼肝朴叶烧・星鳗火锅	各 1500 日元	“菊正宗”本酿 德利酒壶	1000 日元
红烧黑凤螺	800 日元	“白鹿”本酿 德利酒壶	1000 日元
生海胆・河豚刺身	各 1500 日元起	烧酒 加冰 180 毫升	1000 日元
		啤酒 中瓶	1000 日元

✆ 03-3631-7084
住 江东区住吉 2-8-9
交 地铁住吉站 B2 出口步行即到
营 17～22 时（点单截止）
休 周日、节假日　座位 20 个
包间 无
服务费 无　吸烟 可
预约 可　刷卡 不可

全年有售的白烤星鳗，食用时搭配专用的料汁，备前烧风格的器皿是店主的作品

深川 志香（ふかがわ しづか）

『四两拨千斤』的个性料理店

割烹料理

并未身处繁华闹市，餐厅本身也隐秘不显眼。但是，这里的确是一家货真价实的正宗割烹料理店。店主静武德先生根据自己的人生经历悟出“料理与陶艺制作有相似之处”。制陶的禁忌在于过分雕琢，料理也是如此。如果过度加工，非但不能有效地发挥食材的味道，反而会扼杀其本来的特质。比起不停地做加法，重要的是在某个时刻突然停下来做减法。烤星鳗的时候，最棒的状态就是看到鱼皮表面似焦非焦，稍微一走神瞬间就会过火。刺身则要根据客人的情况，切成恰到好处的尺寸。

主厨推荐套餐中的7道菜也都是精挑细选后确定的组合。整体的菜品芳香扑鼻，口味不浓但却相当入味。其中的海胆焗牡蛎尤为精彩，以至于店主自己担保“做这道菜的时候都忍不住夸奖自己”。

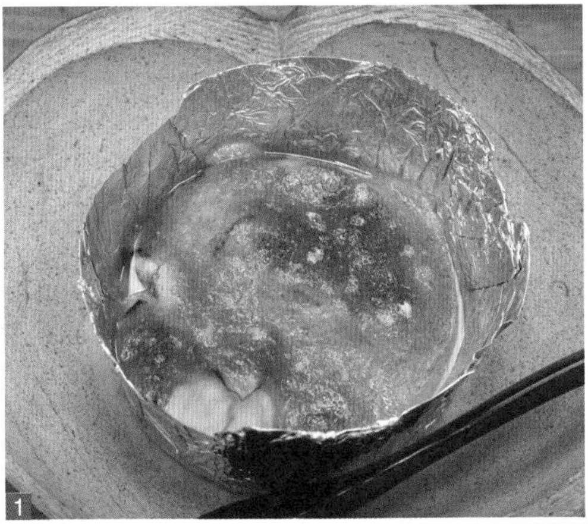

1. 怀石料理中作为主菜的海胆焗牡蛎，牡蛎会随着季节变化换成扇贝、文蛤、螃蟹等，价格相应会波动。2. 鲅鱼避光腌渍后，浇上加入荞麦仁的芡汁和山药泥再一起蒸熟，荞麦仁的香气适合下酒。3. 蟹肉芡汁野芋头，野芋头先煮再炸，将满含蟹肉的芡汁浇在芋头上，味道尤其香。4. 使用一整块橡木制成的吧台包围着料理台，闪耀着漂亮的焦糖色。5. 神色严肃的店主让人想起威严的宫廷侍卫。

菜单

每月主厨推荐套餐：先付3种、刺身拼盘4种、烤物2种、煮物、蒸物、强肴、主食……6300日元
白烤星鳗……1050日元
海胆焗牡蛎……1050日元起
荞麦山药泥蒸鲅鱼……1050日元
蟹肉芡汁野芋头……1050日元
"东洋美人"温酒 本酿造 标准180毫升……660日元
"松之司"冷酒 本酿造 标准180毫升……680日元
"黑龙"冷酒 纯米吟酿 标准180毫升……860日元
烧酒……杯525日元・瓶3670日元起
啤酒 中瓶……680日元

✆ 03-3641-6704
住 江东区门前仲町1-4-10 Swing大厦1F
交 地铁门前仲町站4出口步行1分钟
营 17时30分～22时（21时30分点单截止）
休 周日、周一、节假日
座位 19个　包间 无
服务费 无　吸烟 不可
预约 可　刷卡 不可

2 人份的贝类刺身拼盘，包括扇贝、日本鸟贝、中国蛤蜊、江瑶、赤贝、鲍鱼、海螺等共 10 种

食材全部是日本产的鲜活贝类

贝料理 海作

（かいりょうり かいさく）

贝类料理

店主儿玉和美先生毕业于秋田工业高中，每当提起自己是中日棒球队落合教练的学长时，多少有点得意。儿玉先生曾经在新宿的贝类料理专营店（见第 112 页）学习，后于平成元年（1989 年）开了这家叫作海作的餐厅。店内的装饰与开业之初并无二致，店主掌管厨房，母亲负责接待客人。

店里用的贝类全部为活贝，所以在加工成料理的过程中相当费时费力。如果是刺身，需要剥壳，去掉贝类身上的污垢再处理贝肉。如果是煮贝则带壳去污垢之后重新煮一遍。多亏了这么耐心细致的操作，刺身保留了大海的味道，熠熠生辉，煮贝柔软弹牙，嚼劲十足。如果是烤着吃，就更加凸显出强劲的海洋气息，香气四溢。

所有的贝类都从筑地市场采购。靠的是店主的眼光和信得过的批发商供货，供应的品种都在 20 种左右。您不妨来体验一下变着花样制作的海贝或者海螺。

1

2

3

4

5

1. 以函馆产的昆布垫底烤制的昆布烧，贝类在烤制前已用盐和酒调味，左上起为螺肉、鲍鱼、北极贝，右上起为文蛤、江瑶、象拔蚌。2. 味噌海鲜鸡蛋烧，这道菜以特制的西京味噌炖煮 6 种贝类，再打上生鸡蛋，搅拌均匀后食用。3. 煮贝拼盘 6 种，图片最下方为日本海峨螺，中排左起为卷峨螺、虾夷峨螺、小海螺，后排左起九孔鲍、马蹄螺。4. 店中除了榻榻米座席外还有 6 个吧台座。5. 儿玉先生说，虽然店里备有当季的鱼类，但主菜当然是贝类。

菜单

贝类刺身拼盘 ………… 2500 日元
煮贝拼盘 6 种 ………… 1600 日元
昆布烧・味噌海鲜鸡蛋烧 …… 各 1500 日元
刺身：中国蛤蜊 … 800 日元 / 江瑶・文蛤 … 各 1200 日元 / 北极贝・象拔蚌 … 各 1300 日元
煮物 … 马蹄螺 1000 日元・九孔鲍 1600 日元
烤物 ………… 文蛤 1000 日元・海螺 900 日元
"北雪"纯米 180 毫升 ………… 450 日元
"曾孙"纯米 180 毫升 ………… 700 日元
烧酒 瓶 ………… 1800 日元起
啤酒 中瓶 ………… 500 日元

✆ 03-5608-3900
住 墨田区吾妻桥 1-6-5 朝山大厦 1F
交 地铁本所吾妻桥站 A1 出口步行 1 分钟
营 17 时～22 时 30 分（22 时点单截止）
休 每月第二、第四个周日休息
座位 29 个　包间 无
服务费 无　吸烟 可
预约 可　刷卡 不可

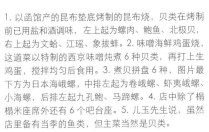

直径 1 尺 2 寸的有田烧大盘中装着野生虎河豚刺身（图为 4 人份），鱼肉切得很薄，片数很多

夏天也可享受和冬季一样的河豚料理

向岛 桥本（むこうじま はしもと）

河豚料理

有着十年河豚学习经验的店主桥本直久先生在平成 5 年（1993 年）开了现在这家店。直到今天，桥本先生从采买到制作始终亲力亲为，夫人早苗女士负责招待客人。

附近虽说是向岛地区的三业地（译注：允许料理屋、艺伎屋和酒馆经营的地区），但地段并不算很理想。所以店主总是说，为了那些特意而来的客人，一定要选好食材，最重要的就是选择纯天然的河豚。整只采购的天然河豚都是当天宰杀，并根据食材的特性存放 1~3 天后再使用。橙子醋都是桥本先生一个人来制作，每天仅制作够当天使用的量就可以了。

本店基本宗旨就是“不添加多余之物”，使用的调味料也只有盐、酱油和味淋。河豚料理讲究的是食材的新鲜，口味清淡、肉质微甜，高级的河豚料理并没有唇齿留香这一说，而是入口即散的清爽。您可以在 5 月中旬至 9 月期间限期供应的“夏季河豚套餐”中体会和冬季一样的天然河豚美味。

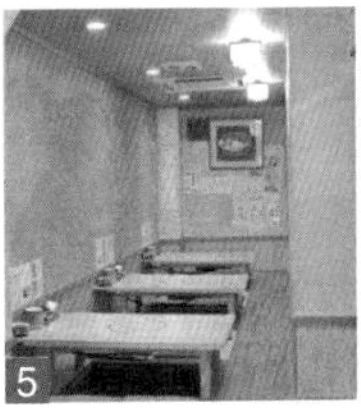

1. 炸天然虎河豚，搭配用赤穗盐特制的盐巴和酸橙一起食用。2. 使用大片的尾鳍和臀鳍浸泡的河豚鱼鳍酒，酒香四溢。3. 店家煮制鱼冻时要耐心撇去浮沫，保证汤汁清透，使鱼冻呈高级感的琥珀色。4. 开业以来一直兢兢业业经营的桥本直久和早苗夫妇。5. 餐厅一层下凹式地炉风格的榻榻米座席。6. 使用七轮炉和备长炭制作的炭烤天然虎河豚，左边是脊骨，右边是鱼肉，1 人份有 5～6 块。

菜单

天然虎河豚刺身・火锅	各 5250 日元	套餐	7350～15750 日元
炭烤天然虎河豚	5250 日元	夏季河豚套餐	7350～12600 日元
炸天然虎河豚鱼块	4200 日元	“泽正宗”180 毫升	420 日元
烤白子・锅物白子	各 3150 日元	河豚鱼鳍酒	840 日元
鱼皮刺身・鱼皮火锅	各 2100 日元	烧酒 瓶	2625 日元起
河豚霜降・鱼冻	各 1050 日元	啤酒 中瓶	525 日元

✆ 03-5608-4473
住 墨田区向岛 5-27-15
交 东武伊势崎线曳舟站或地铁押上站 A3 出口步行各 10 分钟
营 17 时～23 时 30 分 * 如有预约白天也可营业
休 周日、节假日 *10 月～次年 3 月无休
座位 44 个　包间 1 个（半包间，可坐 8 人，无包间费）
服务费 无　吸烟 可
预约 可　刷卡 可

菊套餐中朴实无华的河豚火锅（图为 2 人份），有鱼肉、鱼骨之外，还有豆腐、茼蒿、白菜、粉丝等

以招牌菜回应食客的信赖

两国河豚　瓢箪（りょうごく ふぐひょうたん）

河豚料理

这家店创业至今已有 90 年的历史，现在的店是“二战”后搬到这里来的。漆黑色墙壁的建筑物只在一角的两面墙上搭配了铁锈红色漆，用石头装饰地面，显得精致高雅。店主中西滋先生已经是第三代，这座战后不久建起来的建筑保留着前身的痕迹，而现在的样子是在平成 18 年（2006 年）改建后形成的，体现出摩登和怀旧兼具的设计理念。外观走摩登路线，店内却是完全不同的带有怀旧气息的市民风情。地台上随意摆放着桌子和无腿椅子，据中西先生说，没有做下沉地炉式的榻榻米座，是因为吃相可能会不够优雅。

“一直以来，我们的很多客人不是来吃河豚的，而是来吃瓢箪河豚的，所以我们必须回报客人的这份信任。您想吃什么也可以完全交给我决定，这都没有关系。”凭借多年来积累的招牌菜，第三代店主能有这样的气魄说话。

1

1. 一片片切成竹叶形状、摆盘精致的河豚刺身（图为 2 人份）。2. 炸制的河豚鱼块大部分带骨，鱼脊骨周围肉质肥美。3. 一直守在灶台边掌握着火候大小，只用河豚鱼皮熬制的鱼冻。4. 中西夫妇，夫人一人既要招呼客人又要负责结账。5. 一楼的地台设计很有平民特色。

2

3

4

5

菜单

河豚刺身・火锅 …………………… 各 4515 日元
烤河豚 ………………………………… 3150 日元
炸河豚鱼块 …………………………… 3045 日元
河豚鱼冻 ……………………………… 630 日元
鱼皮刺身 ……………………………… 1260 日元
套餐 …………… 椿 9135 日元・菊 10815 日元

*椿餐是小菜、河豚刺身 & 火锅、什锦咸粥，菊餐则是椿餐加鱼冻、炸河豚鱼块

“白鹰”德利酒壶 ……………………… 630 日元
河豚鱼鳍酒 …………………………… 945 日元
烧酒 ……………… 杯 525 日元・瓶 5250 日元
啤酒 大瓶 …………………………… 840 日元

✆ 03-3631-0408
住 墨田区绿 1-15-9
交 地铁两国站 A5 出口步行 3 分钟或 JR 两国站东口步行 8 分钟
营 17～22 时
休 周日（冬季周日有时也会营业）*7 月中旬～8 月全休
座位 45 个　包间 3 个（可坐 28 人，无包间费）
服务费 无　吸烟 可
预约 可　刷卡 可

《古事记》中的鱼
——香鱼

《古事记》中仲哀天皇的章节里有这样一段内容，神功皇后在筑紫的末罗县（肥前国松浦郡）玉岛里的河畔用膳，其间从衣服上抽出一根线，以饭粒做诱饵钓到了年鱼（あゆ）。《日本书纪》中的《神功皇后摄政前纪》中也记录了一段神功皇后用钓鱼占卜出征新罗的吉凶——“如果所测之事成，便让河中鱼儿上钩”。据说这就是后来用鲇鱼的“鲇”字来给香鱼取名的原因。从《风土记》来看，当时日本全国各地都有捕获香鱼的记录。所以《万叶集》中歌咏这种鱼类的就有 15 首之多。

关于香鱼（あゆ）一词的语源也是众说纷纭。贝原益轩（译注：江户时代的儒学家）认为，あゆ来自あゆる，因为あゆる就是おつる的古语。香鱼每到秋季产卵时就会顺江而下，这个“下”的动词日语就称为おつる。新井白石的说法是，あ有小的意思，ゆ是白的意思，所以あゆ就是小白鱼的意思。另外，也有观点认为，香鱼的发音来自あへ（飨），或是从あ（昵称）加上ひ（鱼）的读音转化而来。

今天日文中的“旬”来自古时候旬仪（译注：中古时代朝廷每年举行的庆典之一）期间配合时令赏赐的东西。当时的初冬之旬（农历 10 月 1 日）据说赏赐冰鱼，而冰鱼就是从琵琶湖游入宇治川的香鱼的幼鱼。

鱼类普及中心资料馆馆长坂本一男

丰岛区·北区

大塚・巣鴨
北大塚
二丁目
豊島区
北大塚一丁目
大塚駅北口
巣鴨公園
空蝉橋
大塚駅
北口
巣鴨署入口
空蝉橋南
ホテル
ベルクラシック
南口
巣鴨署
都電荒川線
三業通り
大塚駅南口
天祖神社
大塚台公園
鮨胜
P174
金春湯
高势 P172
南大塚通り北
南大塚通り
サンファースト
南大塚三丁目
南大塚一丁目
向原駅
西巣鴨中
南大塚二丁目

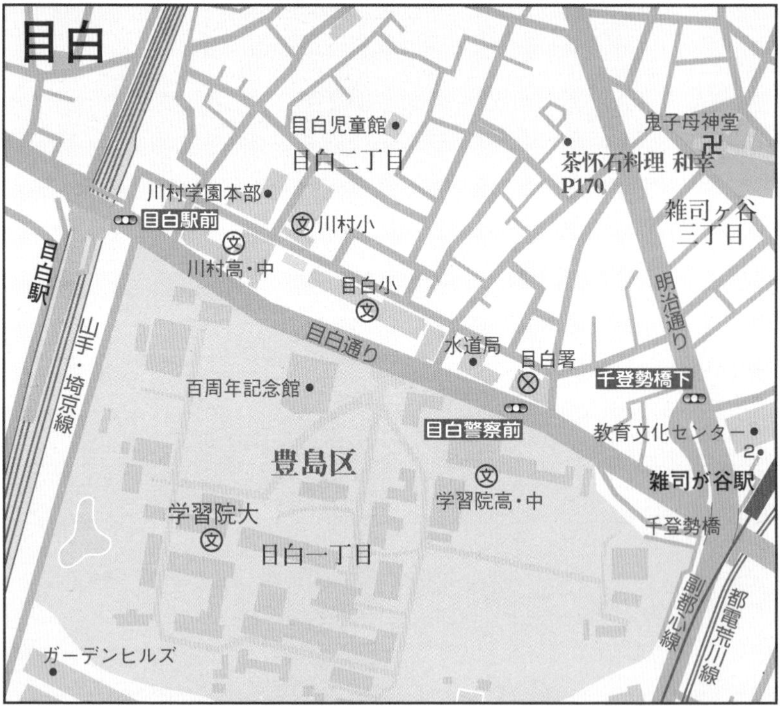

目白
目白児童館
鬼子母神堂
目白二丁目
茶怀石料理 和幸
P170
川村学園本部
目白駅前
川村小
雑司ヶ谷
三丁目
川村高・中
目白駅
明治通り
目白小
山手・埼京線
目白通り
水道局
目白署
百周年記念館
千登勢橋下
目白警察前
教育文化センター
2
豊島区
学習院高・中
雑司が谷駅
学習院大
千登勢橋
目白一丁目
副都心線
都電荒川線
ガーデンヒルズ

巣鴨二丁目
西友
巣鴨駅
巣鴨駅
巣鴨駅前
A2
サミット
巣鴨三丁目
文字高・中
山手線・湘南新宿ライン
都営三田線
白山通り
巣鴨一丁目
江戸橋
江戸橋公園
江戸橋通り
文京宮下公園前
宮下公園
千石四丁目
東福寺
千石三丁目
文京区
東洋女子高
巣鴨小

駒込
六丁目
染井銀座
駒込 鮨金 P180
西ヶ原
一丁目
聖学院小
聖学院高・中
中里三丁目
霜降橋
中里二丁目
西中里公園
南北線
女子栄養大・短大
北区
妙義神社
駒込小
駒込二丁目
駒込三丁目
本郷通り
山手線・湘南新宿ライン
5
東口
中里一丁目
駒込図書館
豊島区
駒込駅
駒込駅
旬菜 味浦 P178
Habitation石川1F
北口
アザレア通り
南口
3
駒込四丁目
駒込一丁目
駒込東
公園
寿司 高桥 P176
駒込橋
Lions-Mansion駒込站前102
文京区
本駒込六丁目
1
駒込

1 : 7,500　0　200m
地図の方位は真北です

大碗汤菜有松茸、对虾、海鳗、柚子和生银杏蓉，黑漆质地的碗，碗盖里有中国风的童子嬉戏图

保持食材活力要先从食材本身入手

茶怀石料理　和幸

（ちゃかいせきりょうり　わこう）

茶怀石料理

店主高桥一郎先生在师从辻留餐厅上一代店主辻嘉一先生学习期间，曾随师父拜见美食大家北大路鲁山人先生。当时鲁山人拿出一道辣椒叶子做的菜，据说在高桥先生准备回去的时候被允许尝了一口，从此难以忘怀那个味道。他说："辣椒叶是有生命的，从那时起，这种味道就成为我自己做料理的精髓。"

在辻留餐厅学习期间，对食材的挑选是重中之重，再加上透过辣椒叶学到的如何保持食材的活力，成就了今天无人不知的"和幸"的味觉基础。

要想激发出食材的原汁原味，食材本身必须是最优质的。海鳗的话要出自明石内海，鲷鱼的话必须来自明石的由良海域。松茸得是采自寒冷的岩手山区，其次是京都，而且就算一公斤有 10 根，真正能用的也就 6 至 7 根。来自这样的经验和理念的料理，自然而然会弥漫着淡泊、凛然的气质。

1. 向付（怀石料理中的一道菜）为刺身拼盘，包括明石由良海滨出产的真鲷和大间产蓝鳍金枪鱼靠近鱼皮部分的中腹，搭配菊花和石耳，依据当天鱼的种类调制酱油，左边是金枪鱼蘸料，右边是鲷鱼蘸料，食器使用了幸运结的造型。2. 茶室风格的 8 张榻榻米客室，墙壁上的“抱朴”意为保持本真。3. 前菜八寸是一道拼盘，左边为梭子鱼寿司，后面是咸鲑鱼子，右边为山药豆、乌鱼子、甜栗子、百合茶巾角、大虾。4. 表情温和的店主，据弟子们说“师傅非常和善，但是一说到料理就变得非常可怕”。

菜单

怀石 午间 …… 15000 日元起，每档增加 5000 日元，也可全权交由厨师决定套餐内容（不含税）

怀石 晚间 …… 20000 日元起，每档增加 5000 日元，也可全权交由厨师决定套餐内容（不含税）

荞麦面怀石 11 月～次年 4 月 只在午间供应 … 8400 日元＊有时无法供应，请事先咨询

“贺茂鹤双鹤”大吟酿 180 毫升 … 2100 日元

烧酒 杯 …… 735 日元

啤酒 小瓶 …… 840 日元

✆ 03-3982-2251

住 丰岛区目白 2-16-3

交 JR 目白站或地铁杂司谷站 2 出口各步行 15 分钟

营 11 时 30 分～14 时、17 时 30 分～21 时

休 周日、节假日＊结婚、法事、厨师上门等服务请咨询

座位 12 个 包间 3 个（无座位费）＊只有包间

服务费 10% 吸烟 可

预约 至少提前一周预约 刷卡 可

午间套餐（3250 日元）包括 8 只寿司、小香鱼等 3 种前菜和一口海胆饭，并附味噌汤等

高势（たかせ）

从『不惜工本』可见店家的厉害之处

寿司

上图中的寿司，左起为金枪鱼肚肉、白鱿鱼、斑鰶、昆布腌沙板鱼、对虾、江瑶、带子长枪乌贼、玉子烧。“为了做出正宗的寿司，我们不惜工本。”这就是高势第二代店主外山义晴的做法。白鱿鱼上配着青柚细丝，斑鰶则放上自制的鱼肉松，而沙板鱼配的是切成松针样的海带。带子长枪乌贼咸中带甜，玉子烧里面酿入了虾肉做的馅，还使用了大量的酒调制，差不多就是这样的功夫了。

3 种前菜包括烤得香气四溢的小香鱼、青海苔冻、炖鲷鱼子。等到单品炖章鱼出场，光是听到这道菜的制作过程之繁复，都会有种不好意思吃的感觉。

同一位客人不会用同样的食材招待。寿司、刺身、前菜，即便料理的形态发生变化，同一种食材也只会出现一次——用心至此，这就是店主所说的“不惜工本”。

1

2

3

4

5

1. 售价500日元的对马产星鳗握寿司，撒点盐大口吃更觉得香。2. 三重县出产的青花鱼制作的腌青花鱼搭配芥末，配料不使用山葵和生姜，只有葱白和芥末。3. 进店之后就是吧台位，里面有个小包间。4. 外山先生，店虽小，但对自家的寿司充满自信。5. 柚子胡椒炖章鱼，把佐岛产的中华章鱼做成这道菜，真的是相当费功夫。

菜单

午间套餐……2700日元・3250日元
主厨推荐套餐：前菜、寿司13～14只、味噌汤……8500日元
自由组合寿司1只……500日元起
芥末腌青花鱼……1200日元
柚子胡椒炖章鱼……1000日元
海苔煎扇贝1个……600日元
“三千盛”本酿180毫升……800日元
“白鹿”淡丽辛口180毫升……800日元
“黑龙”冷酒1壶……1000日元起
烧酒杯……600日元起
啤酒中瓶……900日元

✆ 03-3941-0984
住 丰岛区南大塚1-45-3
交 JR大塚站南口步行五5分钟
营 12时～13时30分（13时点单截止，节假日的第二天和周一中午休息）、17时30分～23时（22时点单截止）
休 周日、假日的周一＊如果节假日在周二到周六时段，晚间预约可营业　座位 15个　包间 1个（可坐6人，无包间费）
服务费 无　吸烟 有吸烟区　预约 可　刷卡 可

寿司拌饭以对虾为主，辅以煮章鱼、蒸鲍鱼、星鳗等多种煮物，都是暖人心的好味道

鮨胜（すしかつ）

手握寿司中透出的精致和温度

寿司

现任店主宫下友孝先生的父亲在“二战”后不久创办了这家餐厅，开业以来一直在当地经营。因为附近就是大塚地区的三业地，据说以前经常会给那些有艺者陪侍的酒馆送餐。但是如今夹在池袋和巢鸭的高岩寺之间，好像有坠入山谷的感觉，这让店主宫下先生感到些许落寞。

曾经的三业地转型之后重获生机，慕名远道而来的客人也在增多。这当中很多都是被店主精心制作的寿司吸引来的。

“寿司屋的工作真正需要花时间的是在制作寿司之前的准备工作上”，处理章鱼、提前煮好鲍鱼和鱿鱼、煎好玉子烧、焖米饭等工序都是店主一人包办。正是因为这样，他才能尽知食材的特性，每一只寿司都确保坚挺漂亮，寿司拌饭则是兼具精巧和温暖的柔和滋味。您一定会希望在自己家附近能有一间这样的餐厅。

1

2

3

4

5

1. 左边是品相完美、清秀的腌少鳞鱚寿司 420 日元，右边是松软的厚玉子烧，内有虾肉 525 日元。2. 花 3 个小时制作的蒸鲍鱼（左图）1155 日元和花 4 ～ 5 小时做的煮章鱼 525 日元，是否涂抹料汁随个人喜好。3. 煮鱿鱼酿饭 1050 日元，小个头的长枪乌贼，肚子里塞入混合玉子烧、鱼肉松、香菇、葫芦干、醋泡藕片的醋拌饭，乌贼的肚子充满透明感，非常可爱。4. 将星鳗剁碎后加味噌等调料上火烤，香咸够味，每个售价 840 日元，是很好的下酒菜。5. 店主宫下先生对食材的处理毫不惜力。

菜单

寿司拌饭 …… 4200 日元
主厨推荐寿司・寿司饭 … 各 1365 日元・1890 日元・2625 日元・3675 日元
自由组合寿司：章鱼・煮章鱼・皮皮虾・墨鱼・星鲽・鲣鱼・赤贝・海胆・对虾・蓝鳍金枪鱼等 …… 525 ～ 1155 日元
“三千盛”德利酒壶 …… 本酿造 472 日元・纯米 577 日元
烧酒 …… 杯 472 日元・瓶 4200 日元
啤酒 中瓶 …… 577 日元起

✆ 03-3941-4639
住 丰岛区南大塚 1-53-3
交 JR 大塚站南口步行 4 分钟
营 11 时 30 分～21 时 30 分
休 周日、节假日
座位 11 个　包间 无
服务费 无　吸烟 可
预约 可　刷卡 不可

主厨推荐寿司（图为样品，1 人份，6300 日元）包含了店家颇为得意的季节性代表食材

寿司 高桥（すしたかはし）

汇集了被『店主的寿司』吸引来的客人

寿司

从本乡通转进小巷，不远处就能看到这家寿司屋，雅致的外观看上去貌似割烹料理店，对于第一次到访的客人来说，可能会望而却步。听店主高桥慎一先生说，当初就是这样向设计师要求的，“不要做成轻松就能进门的店，而是特意制造客人不敢随意登门的感觉”。之所以提出这种要求，是因为高桥先生一人负责所有料理的制作，“只想在店里招待喜欢我做的寿司的客人”。

高桥先生曾经说：“三十余年寿司屋店主的人生，每天都是对当年学徒时代所学技艺的温习。”这样说的店主做出的寿司也自然饱含温情。

把昆布腌金目鲷作为寿司食材使用的，高桥先生怕是第一人。握寿司激发出食材的生命力，口味清淡而不失优雅；寿司拌饭突出的是食材与米饭相得益彰，给味蕾留下深刻的印象。店主笑称：“握寿司也就罢了，连炸豆腐寿司都用握的（译注：一般炸豆腐寿司都是直接将米塞入炸好的豆腐袋子中），整个东京怕是只有我这一家了。”请您一定要品尝过这款杰作后再走哦。

1

2

3

4

5

6

1. 使用江户切子的玻璃杯喝日本酒非常别致，左起为特别纯米辛口、纯米大吟酿“笙鼓”250毫升4000日元。2. 午间的花寿司拌饭2100日元，多种食材汇聚一堂，做起来颇费功夫。3. 店主引以为豪的“东京最棒的”炸豆腐寿司，黄芝麻的醇香中带有微妙的柚子香，是一款有怀旧气息的小清新寿司。4. 从淘米开始，所有工序都一人包办的高桥先生。5. 葫芦干海苔卷（2根）中的米饭口感蓬松，十天卤制一次300克的葫芦干，味道清爽。6. 纯木吧台位营造出精致的纯和风气息。

菜单

厨师推荐寿司 ………………………… 4200 日元起
老板推荐料理 ………………………… 8400 日元起
葫芦干海苔卷 1 根 ……………………… 630 日元
炸豆腐寿司 1 个 ………………………… 210 日元
〈午间〉握寿司・寿司拌饭各 4 种
………………………… 各 2100 日元・2700 日元・3200 日元・4200 日元
“一之藏”温酒 180 毫升 …………… 630 日元
“一之藏”纯米各种 各 250 毫升 …1260 日元
烧酒 杯 ……………………………… 630 日元
啤酒 中瓶 …………………………… 630 日元起

✆ 03-3947-5125
住 丰岛区驹込 1-42-2 Lions-Mansion 驹込站前 102
交 JR 驹込站南口或地铁驹込站 1 出口各步行 1 分钟
营 11 时 30 分～14 时（13 时 30 分点单截止）、17～22 时（21 时点单截止）
休 周日和每月第一、第三个周一
座位 12 个　包间 1 个（可坐 4～5 人，无包间费）
服务费 无　吸烟 不可　预约 可　刷卡 可

香鱼田乐烧是用独家红味噌烤制四国产的半野生放养香鱼，肉质清香扑鼻

旬菜 味浦（しゅんさい みうら）

无法想象的质优价廉的料理

板前料理

来自青森县八户市的店主三浦宝先生从 18 岁起就一门心思钻研日本料理，终于在平成 16 年（2004 年）开了这家属于自己的店。虽说店面不大，但从采买、前期准备、烹调到接待客人，全部是三浦先生一个人负责，在旁人看来实在是太辛苦了。但是三浦先生最希望看到客人们开心地享用自己的手艺，所以每个夜晚孤军奋斗、全力以赴也在所不惜。

即使是如此低廉的定价，也尽量不使用人工养殖的食材，基本上都是野生海产。刺身全部选用天然食材，定的价格有时甚至低于成本价。三浦先生认为，第一口菜的滋味最重要，所以即使是每人两道的餐前小菜也精心调理（两道小菜才 300 日元）。

饱含深情处理每一样食材，仅仅是看着三浦先生做菜都会有幸福的感觉，做出的料理自然也是细腻而有温度的。店主家乡南部的乡土料理煎饼汤售价只有 500 日元，不妨一试哦。

1. 鲣鱼土佐造，将宫崎县产的鲣鱼轻微炙烤后，拌上橙子醋，搭配大量蔬菜和炸蒜片。2. 海鳗土当归摊鸡蛋，采用柳川锅的做法，海鳗和土当归来自淡路。3. 店主的目光可以看到任何角落的干净利落的小店。4. 鲱鱼茄子拼盘，去掉头尾的鲱鱼干与炸过的茄子一起炖煮，口感柔和。5. 一个人管理一家店的三浦先生。6. 把扇贝的甜、水芹的苦、海苔的香融为一体的扇贝海苔煎水芹。

1

2

4

6

3

5

菜单

香鱼田乐烧・鲱鱼茄子拼盘・海鳗土当归摊鸡蛋 …… 各 800 日元
扇贝海苔煎水芹 …… 700 日元
鲣鱼土佐造・刺身 …… 各 900 日元
天然竹荚鱼・沙丁鱼・长枪乌贼刺身 …… 各 700 日元
天然牛尾鱼・石鲈・海鳗刺身 … 各 800 日元
金枪鱼刺身・自制乌鱼子 …… 各 1000 日元
“卧龙梅”“樽平”“奈良万”纯米 180 毫升 …… 各 700 日元
烧酒 瓶 …… 2500～3000 日元
啤酒 中瓶 …… 600 日元

✆ 03-3827-6003
住 北区上中里 1-8-8 Habitation 石川 1F
交 JR 驹込站东口 1 出口步行 3 分钟
营 18～24 时
休 无休
座位 18 个　包间 无
服务费 无　吸烟 可
预约 可　刷卡 不可

午间的招牌菜黄金盖饭，包括 12 种食材，相当豪华，享用时会不会觉得自己是黄金大亨

享用顶级的食材和店主的技艺

驹込 鮨金

（こまごめ すしきん）

寿司

染井银座商店街里生活气息浓厚的店铺林立，比如蔬果店、鱼店等，甚是热闹。在避开喧闹人群的小巷一隅，鮨金寿司屋静静敞着店门。曾经在神田著名寿司屋学习的店主本间辉夫先生，于昭和 41 年（1966 年）在这处并不太适合开寿司屋的地段开了店。店主在回忆往昔时说：“我们花了半个世纪的时间提升餐厅的格调。”而现在，鮨金已经成为寿司圈里远近闻名的店了。

哪怕只有一次拿出了不好的食材，寿司屋就毁于一旦了。所以据说本间先生每次去鱼市场进货，都会想象着走出餐厅的客人脸上洋溢的笑容。

无论吃多少遍，装满海鲜、食材丰富的豪华黄金盖饭每次都会让人开心不已。厨师推荐的寿司和料理也是既有创意又有格调。店主口中所说的“客人是来吃鮨金的寿司”，果真是一点也没错吧。

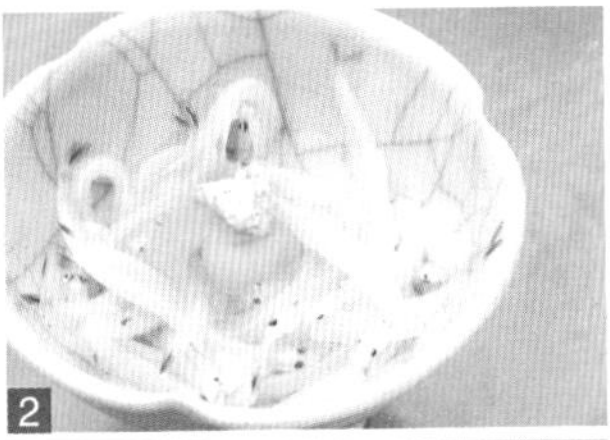

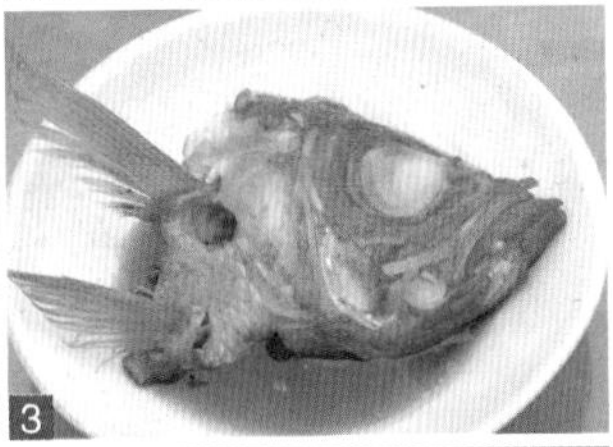

1. 用对马海域产的小鳗鱼制作的星鳗握寿司，左边是盐味的，右边是涂抹料汁的。2. 清凉感和清新滋味在口中跳跃的小银鱼，一整年都吃得到。3. 好评如潮的红烧金目鲷鱼头也是全年供应，用一本钓捕捞的铫子产的金目鲷。4. 本店独创的牡蛎握寿司和加入了比目鱼鱼蓉的玉子烧（图 1 ～ 4 均来自主厨推荐套餐）。5. 以吧台座为主的店内布局，船底形天花板和硅藻壁材的简约造型带有茶室风格。6. 主张“鱼的上场时机很重要”的本间先生。

菜单

〈晚间〉主厨推荐套餐：料理 8～9 种 + 握寿司 ………………………………… 15000 日元起

〈午间〉寿司 … 水仙 2100 日元 · 牡丹 2700 日元

〈午间〉寿司拌饭 …………… 菖蒲 2300 日元 · 紫阳花 2800 日元 · 土佐盖饭 2000 日元 · 星鳗盖饭 2700 日元 · 黄金盖饭 3000 日元

“景虎”本酿造 180 毫升 …………… 700 日元

番茄烧酒（番茄泥 + 烧酒）………… 700 日元

啤酒 中瓶 ………………………………… 600 日元

✆ 03-3949-0038

住 北区西原 1-63-7

交 地铁驹込站 5 出口步行 7 分钟或 JR 驹込站北口步行 8 分钟

营 11 时 30 分～13 时（12 时 45 分点单截止）、17～22 时（21 时点单截止）

休 周日、节假日　座位 16 个　包间 无

服务费 无　吸烟 可

预约 可　刷卡 可

《古事记》中的鱼
——鲈鱼

《古事记》大国主神的《国让》一章记述了这样一段内容：用延绳钓鱼的渔夫捕获了一条嘴巴硕大、尾鳍直立的漂亮鲈鱼，大声吆喝着把它拉到岸上，作为献给上天的鱼料理。

《出云国风土记》中记载了今日的中海和宍道湖等地曾捕捞到鲈鱼。这种产自中国江苏省松江地区、名为松江鲈（或四鳃鱼）的小鱼，在日本俗名叫山之神（杜父鱼科，出自《国译本草纲目》上野益三的补注等）。但是，松江鲈鱼在江户时代似乎被认为是鲈鱼的幼鱼，比方说在武井周作的《鱼鉴》一书中"鲈鱼"一项，就有这样的记载："唐代时期，产自吴淞江的这种鱼被视为天下珍品，也称四鳃鱼。日本云州（译注：日本的律令国出云国的别称，即今岛根县东部）也有出产，被认为是关西第一。"

关于"すずき"（鲈鱼）一词的起源也有很多种说法，贝原益轩认为，すずき是指鱼身好像清洗过（すすぎ）一样洁白，新井白石则认为すずき来自すず（小）的き（鱼鳍），也就是鱼鳍（这里指背鳍）很小的鱼。此外，还有很多从发音相近得出的认识，比如神圣（すす）的餐食（け），也就是供奉给神明食用的鱼类，或者清清（すす）的鱼类（き），意思是外形美观又好吃的鱼。

鱼类知识普及中心资料馆馆长坂本一男

中野区·练马区

氷川台
城北公園通り
東京ドルフィンクラブ
氷川台三丁目
氷川台駅
氷川台駅前
正久保橋
2
正久保橋
石神井川
副都心線
有楽町線
コープとうきょう
サミット
正久保橋南
桜台三
練馬区
御料理 万代家
P198
桜台三丁目

新井薬師
哲学堂通り
松が丘一丁目
上高田五丁目
上高田小
東亜学園高
西武新宿線
新井薬師前駅
新井五丁目
南口
中野上高田局
高田馬場へ
串烧工房 烧串
P186
野原産婦人科
上高田三丁目
上高田本通り
中野区
上高田二丁目

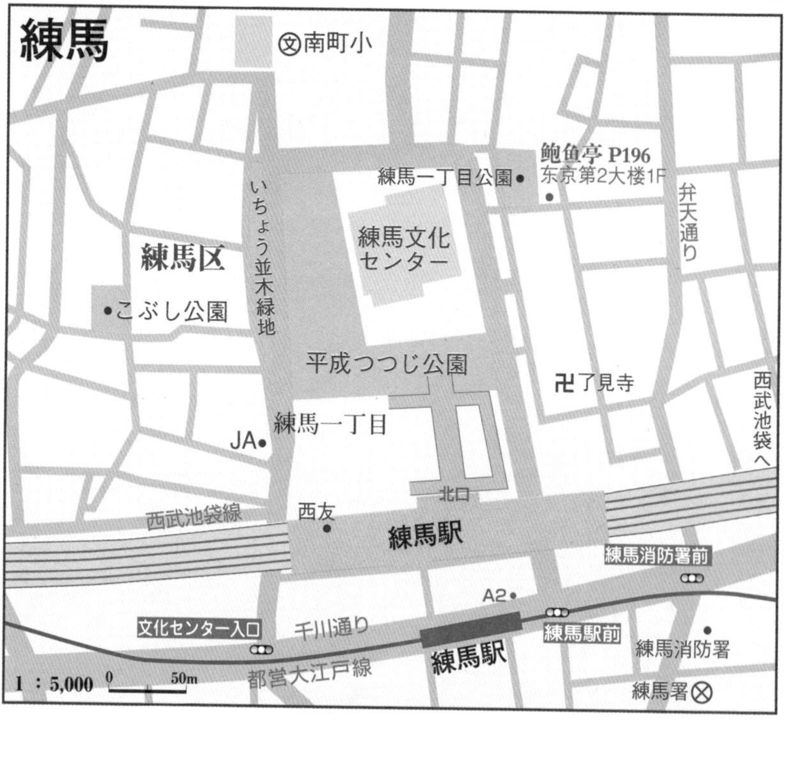
練馬
南町小
鮑鱼亭 P196
东京第2大楼1F
練馬一丁目公園
いちょう並木緑地
練馬文化センター
弁天通り
練馬区
こぶし公園
平成つつじ公園
了見寺
練馬一丁目
JA
西武池袋へ
北口
西武池袋線
西友
練馬駅
練馬消防署前
A2
文化センター入口
千川通り
練馬駅前
練馬駅
練馬消防署
都営大江戸線
1：5,000
0
50m
練馬署

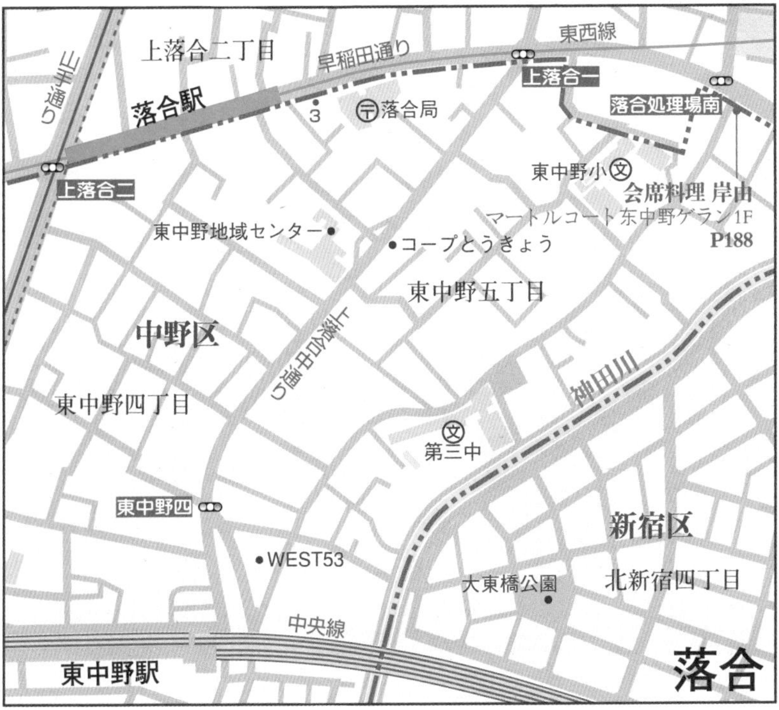
落合
上落合二丁目
早稲田通り
東西線
山手通り
落合駅
上落合一
落合処理場南
3
落合局
上落合二
東中野小
会席料理 岸由
マートルコート东中野グラン1F
P188
東中野地域センター
コープとうきょう
東中野五丁目
中野区
上落合中通り
神田川
東中野四丁目
第三中
東中野四
新宿区
WEST53
大東橋公園
北新宿四丁目
中央線
東中野駅

中野
早稲田通り
中野体育館北
新井
中央中
都税事務所
ブロードウェイ
中野体育館
西友
中野通り
とうきゅう
中野共立病院
中野区
中野五丁目
警察学校跡地
浪漫 P192
サンモール
打越公園
囲町公園
サンプラザ
原始炭焼 陆蒸气 P194
中野区役所
中野税務署
中野四丁目
中野区役所前
ライフ
ドコモ
第二力酒蔵 P190
EDC
中野駅北口
北口
中央線
中野駅
南口
桃丘小
中野駅南口
中野二丁目
中野三丁目

1：7,500
練馬のみ 1：5,000

0 200m
地図の方位は真北です

全年都能吃到各地新鲜生蚝的拼盘，图为 11 种 11 只，约 6000 日元

让爱酒之人和吃货都感到幸福的店

串烧工房 烧串

（くしうちこうぼう やくし）

海鲜居酒屋

热爱日本酒的店主松村和弘先生会从经常光顾餐厅的酿酒厂厂主那里进货。这是因为松村先生很认可这种想要亲眼了解客人们喜欢什么酒的态度。其余的酒则是松村先生拜托人家从厂里一瓶瓶带过来的，还特意叮嘱要“口感很烈”的品种。

为了做出适合下酒的料理，仅仅是网罗食材就很费工夫了。因为“不想忘记日本人的主要食品”，店主几乎找遍了日本各地的当季鲜鱼。生蚝除去很少的一部分之外都是天然野生品种。贝类则是根据供货商的强项从三个厂商那里进货。使用这样讲究的食材做出的每一道料理，都让人惊讶日本人竟然吃这么贵的鱼，但请看看这家店的定价，无怪乎爱喝酒的人和吃货们会夜夜聚集在此了呢。

店里差不多每月都会召开一次酿酒厂和客人的见面会，让大家品尝酿酒厂生产的各种酒和店主的料理，互相交流意见。有兴趣的客人可以和店家联络。

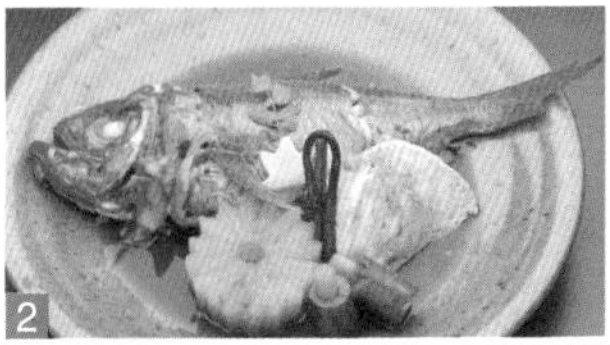

1. 部分招牌烤串，牡蛎、扇贝、银鳕鱼、金枪鱼颊肉、海螺、花蛤、远东多线鱼等。2. 用千叶县胜浦海域产的金目鲷制作的红烧金目鲷，搭配的白萝卜也很入味。3. 让人沉浸在美酒和美食中的一家店。4. 松村先生和负责接待客人的幸江夫人及每日都在店里的长子英嘉君。5. 刺身拼盘包括蓝鳍金枪鱼、赤鯥、北极贝、江瑶、海胆等 15 种（图为 1 人份）。

菜单

- 生蚝拼盘 2 只起售 ……… 1 个 250～980 日元
- 日本各地牡蛎（冬季）……… 1 个 180 日元起
- 烤串 约 50 种 ……………… 1 串 100～250 日元
- 红烧金目鲷 ………………………… 1580 日元
- 刺身拼盘 …………………………… 1600 日元
- “剑菱”“荒武者”本酿造 180 毫升 …………………… 各 350 日元
- “洌”纯米吟酿 180 毫升 …………… 500 日元
- “恶之代官”特别本酿 180 毫升 … 700 日元
- “凤凰美田”纯米 180 毫升 ……… 700 日元
- 烧酒 ……………… 杯 400 日元・瓶 2000 日元
- 啤酒 中瓶 ……………………………… 500 日元

✆ 03-3388-8161
住 中野区上高田 3-38-9
交 西武新宿线新井药师前站南口步行 2 分钟
营 17 时 30 分～凌晨 1 时（24 时点单截止）
休 周三
座位 23 个　包间 无
服务费 无　吸烟 可
预约 可　刷卡 不可

刺身拼盘（右）包括鲷鱼、对虾、障泥乌贼、蒸鲍鱼、金枪鱼赤身，左边是清炖甲鱼配芝麻豆腐

让人想要一来再来的料理店

会席料理 岸由
（かいせきりょうり きしよし）

会席料理

这家店就静静开在正对着早稻田路的公寓一楼，从外面看很是低调。简约而不张扬的店内装修属于纯粹的和式风格，一尘不染，面积不大不小，让人感觉很放松。菜单只有厨师推荐套餐（此处介绍的料理均出自 8000 日元的套餐）。由店主坪岛完次先生掌厨，夫人在帮厨的同时还要招呼客人。

从先付、前菜到刺身、汤品、烤物、煮物、米饭，每一道料理都很出色，完全颠覆了此前因为餐厅的地段和年轻的店主带来的疑虑。从在爽口之余让人有宁静致远之感的汤品开始，所有的料理既不突兀也不厚重，清雅美观又很入味，不会让人审美疲劳。

店主说："我们会采购当季、当天最好的食材，思考如何做出最符合食材特性的料理。"如果能带别人来品尝这种有着一期一会意境的料理，您也会被另眼相看的哦。

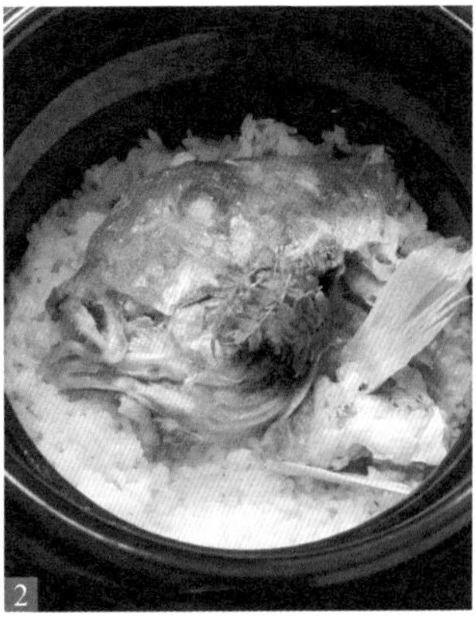

1. 后方的小菜是醋拌芝麻、茄子和海胆，前方的前菜是青花鱼寿司、小海螺、乌鱼子、白果、山药豆等。2. 点缀着花椒芽的甘鲷烩饭（图为 2～3 人份），虽然甘鲷香味四溢，但造型雅致、味道清淡。3. 烤黑鲑、虾头配青辣椒和菊花，黑鲑味道厚重。4. 煮物为带子香鱼和冬瓜，以柚子丝点缀，冬瓜的火候掌握堪称精妙。5. 带有宽大壁龛的八张榻榻米大小的包间，左边另有一间三张榻榻米大小的茶室风格包间，另外一边则是带庭院的六张榻榻米大小的包间。6. 坪岛夫妇和二女儿光酱，大女儿朝子在幼儿园。

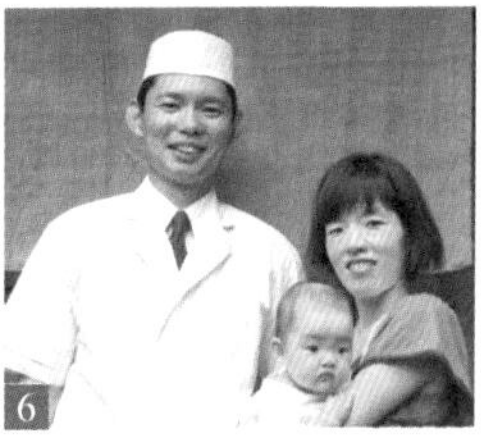

菜单

主厨推荐套餐 ……… 6300 日元・8400 日元 *
10500 日元・15750 日元的套餐，最少提前三天预约
虎河豚套餐 10 月～次年 3 月供应 ……… 10500 日元起
午间会席 ……… 3990 日元
午餐 ……… 1200 日元
"白鹰" 上选 180 毫升 ……… 735 日元
"秋鹿" 山废 180 毫升 ……… 1050 日元
"鹤龄" 山田锦 180 毫升 ……… 1050 日元
烧酒 ……… 杯 735 日元・瓶 3675 日元
啤酒 中瓶 ……… 630 日元

✆ 03-3360-5736
住 中野区东中野 5-25-61F
交 地铁落合站 3 出口步行 7 分钟
营 12～14 时（13 时 30 分钟点单截止）、18～22 时（20 时点单截止）
休 周日　座位 20 个
包间 3 个（可坐 16 人，无包间费）
服务费 10%　吸烟 可
预约 完全预约制　刷卡 可

刺身拼盘（图中售价 5250 日元）的所有食材均为厚切大片，一点也不小气

第二力酒藏（だいにちからしゅぞう）

以亲民价格品尝到纯天然美味

鲜鱼居酒屋

“第二力酒藏”这个名字并不意味着另有一个“第一”，自昭和 37 年（1962 年）开业以来，这家店就一直在这里营业。经过了几次扩建后，店内有了多种形式的客席，空间宽敞，正对街道的店门也开了两个。

从开业起，店家就把注意力放在了鲜鱼上，每天从筑地市场的固定摊位进货。冬天的安康鱼、鳕鱼，春天的鲷鱼、虎鱼，夏天的鲍鱼、牛尾鱼和岩牡蛎等，全年供应多达百种以上的海鲜，而且几乎全部是天然野生的。能够以相当实惠的价格提供天然食材，一是因为店里的两百个座位具有规模优势，二是因为与供应商的多年合作早就建立起了信任关系。

即便章鱼不是来自明石、金枪鱼不是产自大间，但以毫无压力的价格吃到这些纯天然食材依然令人欣喜，而且每道料理的分量都相当大，让人不禁感叹“好大方哦”。所以每逢周末的晚上，店里很快就会满座。

1. 橙子醋拌鲣鱼，摆成六角形状的鲣鱼片上各放一片大蒜，自制的橙子醋在冬季一天就能用掉好几升，酒是“国盛浊酒”。2. 红烧喜知次鱼，豆腐和牛蒡也很入味，个头大、肉质紧实的喜知次鱼产自根室，味道属于又浓又甜的江户风 。3. 裹有肝脏酱汁的烤鲍鱼，一整只鲍鱼是 1 人份的，虽然淋了用肝脏调制的酱汁，洒上柠檬汁口味不腻而香味更浓了。4. 店内有长桌、吧台位、雅座，格局多元灵活。

菜单

刺身拼盘 2 人份 ························ 4200 日元起
橙子醋拌鲣鱼 ························ 1300 日元
红烧喜知次鱼 ························ 3400 日元
烤鲍鱼 ························ 2980 日元
红烧鳕鱼白子 ························ 1400 日元
自制安康鱼肝 ························ 1000 日元
橙子醋拌章鱼 · 腌青花鱼 ········ 各 900 日元
“金鵄正宗”“昔话”本酿造 ··· 各小 350 日元 · 大 820 日元
“国盛 浊酒”约 360 毫升 ············ 1000 日元
烧酒 瓶 ························ 3150 日元
啤酒 大瓶 ························ 620 日元

✆ 03-3385-6471
住 中野区中野 5-32-15
交 JR、地铁中野站北口步行 2 分钟
营 14 时～23 时 30 分（22 时 45 分点单截止）
休 周日　座位 200 个
包间 11 个（可坐 140 人，无包间费）
服务费 无　吸烟 可
预约 可　刷卡 可

甘鲷若狭烧，图中甘鲷个头偏小（3675 日元），约 2 人份。年幼之鱼油脂少，口感清爽回甘

精心制作的鱼料理如花般烂漫绽放

浪漫（らんまん）

季节鱼料理

这家店开业于大正 10 年（1922 年），建筑也是昭和初期的老房子。掌管后厨、手握菜刀 60 余年、和这栋建筑一样老而弥坚的正是第二代店主柳泽丰先生。店里选用的食材几乎全部是天然、从未使用过养殖的原料。但是并不特别拘泥于产地和品牌，只选当季当地最优质的东西。如何高明地处理这样的好食材，做成什么料理，这就需要店主拿出看家本领了。

每日供应的海鲜有 20 种左右。刺身、煮物、烤物等固定菜品写满了菜单，或许不易察觉，但仔细看就会发现其中藏着一点玄机。比方说，如果您点了甘鲷若狭烧，那么剩下的鱼皮经过炙烤做成鱼鳞煎饼，鱼骨碾碎后还可以入汤清炖。秋刀鱼则是用背部的肉做刺身，腹部做烤鱼，完全物尽其用。

用杉木质地的大桶腌渍的酱菜也很棒。此外也提供活鲷鱼、活海鳗、活的虎河豚这些季节性的套餐料理，不过需要预约。

1

1. 厚切鲷鱼刺身，搭配蘘荷、花穗，使用当日一早腌渍的真鲷制作，可享用柔滑口感和鱼肉浓浓的甜味。2. 自制的河豚一夜干，洒上鲜酸橙汁更加提味，整只购买的鲜活豹纹东方鲀河豚由店内加工。3. 摆盘可爱的腌渍青花鱼，选用当天最优质的青花鱼，以独创的做法腌渍，几乎算生食。4. 店主虽然固执，但是只要提到鱼的事，表情就会柔和。5. 保留有昭和初期样貌的建筑物，店内装修古色古香。

2

3

4

5

菜单

甘鲷若狭烧 4 人份 ………………………… 8400 日元
当日现腌真鲷刺身 ………………………… 1890 日元
鲈鱼・障泥乌贼刺身 ……………… 各 1575 日元
腌渍青花鱼 ……………………………… 1260 日元
河豚一夜干 ……………………………… 2625 日元
白烤星鳗・蒲烧星鳗 ……………… 各 1575 日元
腌煮沙丁鱼 ……………………………… 840 日元
“三千盛”“松之司”乐 纯米吟酿 德利酒壶 ……………… 各 525 日元
“〆张鹤”本酿造 德利酒壶 ……… 735 日元
烧酒 杯 ………………………………… 420 日元
啤酒 中瓶 ……………………………… 525 日元

✆ 03-3387-0031
住 中野区中野 5-59-10
交 JR、地铁中野站北口步行 5 分钟
营 17～24 时（23 时 30 分点单截止）
休 周日、节假日的周一　座位 35 个
包间 2 个（可坐 15 人，无包间费）
服务费 无　吸烟 一楼不可
预约 可　刷卡 不可

造型美观的陆蒸气原创菜肴三味烧，银鳕鱼、南极鳕鱼和鲑鱼上面淋了满满的咸鲑鱼子

原始炭烧完美还原最传统的烧烤

原始炭烧 陆蒸气

（げんしすみやき おかじょうき）

炭火烧烤

使用了宫城县白石市6间古民居的建筑材料搭建的店铺里，黑亮的粗大房梁和用锛子手工打造的宽敞楼梯，构造如碉堡般坚不可摧，令人称奇。如果坐在一楼安放着巨大炭火烤炉的吧台位上会觉得脸颊发烫，被强大的火力炙烤的各种海鲜散发着诱人的香气，让人只顾着埋头大快朵颐。

店主三谷庆一先生出身于青森县鲹泽的一个渔民家庭。当地有专供渔民和农民以物易物的场所称为茶屋，茶屋中央的围炉总是烧得火红。据说一楼的客席模仿的是茶屋的布局，而整个三层建筑则是依据船主家的样子设计的。

以渔民家庭出身练就的眼光挑选出来的海鲜，经过炭火的远红外线炙烤，当然会吸引众多食客闻香而来。午饭瞬间售罄，等到傍晚时分就又挤满了等待吃晚饭的爱鱼人士了。

1. 颜色鲜艳的蒸帝王蟹（2800 日元），数量有限，只接受口头销售。2. 日本产的活龙虾（各 4500 日元），生食的话可请店家把虾头做成味噌汤，同样只是口头销售。3. 盐烤喜知次鱼，用天然盐激发出鱼肉的甜味，喜知次鱼产自网走，食器是专业的陶艺师制作的信乐烧。4. 一楼的吧台位以大火炉为中心围了一圈，炉子上方的换气装置是手工打造的铜器，重约 1 吨。5. 秋田的白炭烧得通红，巨大的火炉是陆蒸气的象征，所有的鱼都在这里烤制。

菜单

三味烧 …………………………… 1680 日元
盐烤喜知次鱼 ……………………… 3500 日元
帝王蟹 …………………………… 2500 日元起
活龙虾刺身・烤活龙虾 ……… 各 4500 日元起
烤鱼：扇贝・柳叶鱼 …… 各 600 日元 / 远东多线鱼・竹荚鱼 ……………… 各 800 日元
午餐 ……………………………… 900 日元
“桃川” 温酒 本酿造 360 毫升 德利酒壶 … 860 日元
“作田” 冷酒 特别纯米 180 毫升 … 860 日元
“杉玉” 冷酒 吟酿纯米 720 毫升 … 3960 日元
烧酒 杯 …………………………… 530 日元
啤酒 中瓶 ………………………… 685 日元

✆ 03-3228-1230
住 中野区中野 5-59-3
交 JR、地铁中野站北口步行 3 分钟
营 11 时 30 分～13 时、16～22 时（21 时 10 分点单截止 * 周六、周日、节假日中午不营业）
休 无休　座位 160 个　包间 2 个（可坐 72 人，无包间费）
服务费 无　吸烟 可
预约 可 * 一楼吧台位不可　刷卡 可

鲍鱼和龙虾刺身（图为 3 人份），鲍鱼为九州产黑鲍，一整只龙虾产自房总海域

鲍鱼亭（あわびてい）

鲍鱼·龙虾料理

鲍鱼和龙虾的售价低得令人惊喜

喜欢吃鱼的店主岩楯博先生在平成 6 年（1994 年）开了这家店，最初只有三个吧台位和两张桌子，空间狭小，直到平成 17 年（2005 年）买下了隔壁的店家，扩大了店面。位于中央的厨房将店内分成两个区域，造型让人想起西班牙格拉纳达的洞穴博物馆，可以说是匠心独运。

自己亲自从筑地市场进货的店主都是把活体的鲍鱼和龙虾进行加工处理，最为看重的是食材的新鲜度。刺身自不待言，连烤物和煮物也都充盈着新鲜的海味。

以性情温和的店主为核心，开朗的女店员们干活麻利，似乎也让料理的味道更美味了。据说只有 40 个座位的这家小店，每月能消费 200 只龙虾，每年卖出 2 吨鲍鱼，数据令人惊叹，由此可见食客们的喜爱程度了。

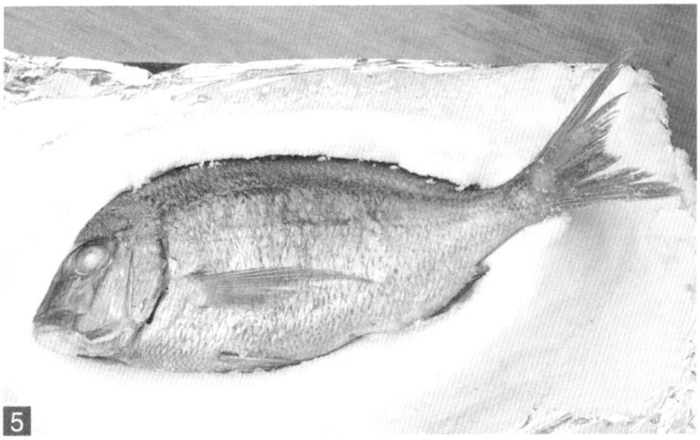

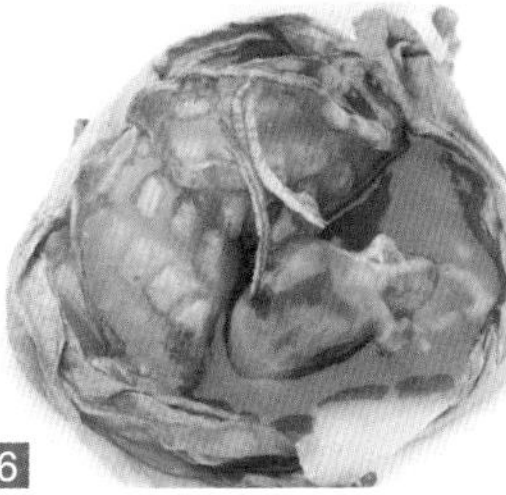

1. 炭烤鲍鱼（图为 2 人份），新鲜到可生食的虾夷鲍鱼，就在食客眼前烤制，火候加减可随客人的喜好。2. 前菜拼盘（每日更换菜品），从图片前方往顺时针方向起为刺身三种、鲷鱼天妇罗、盐辛鱿鱼、韭菜黄。3. 鲍鱼亭就是从这一小块空间起家的。4. 左起是岩楯先生和精力充沛的店员山本小姐、伊势田小姐和北添小姐。5. 鲷鱼盐釜烧（图为 3 人份）是用盐把鲷鱼包裹一层蒸烤，鱼腹里还塞了米饭。6. 蚝油炖鲍鱼，鲍鱼肝蕴含着浓浓的海味。

菜单

套餐 两位起售 …… 3990 日元 鲍鱼 1 品・5040 日元 鲍鱼 3 品・6300 日元 鲍鱼 5 品
鲍鱼刺身 … 小份 1890 日元・大份 2625 日元
龙虾刺身配味噌汤・什锦咸粥 …… 小份 2835 日元・大份 5040 日元
炭烤鲍鱼 …………………………… 2100 日元
蚝油炖鲍鱼 …………………………… 2520 日元
鲷鱼盐釜烧 2 人份起售 … 1890 日元（2 人份）
“菊正宗” … 德利酒壶小壶 399 日元・大壶 756 日元
“一之藏” … 180 毫升 525 日元・720 毫升 1890 日元
烧酒 瓶 …………………………… 1680 日元起
啤酒 大瓶 …………………………… 787 ～ 840 日元

✆ 03-3557-7369
住 练马区练马 1-35-1
交 西武池袋线练马站北口或地铁大江户线练马站 A2 出口各步行 5 分钟
营 17～24 时（23 时点单截止）
休 周日、节假日　座位 40 个　包间 无
服务费 无　吸烟 可
预约 可　刷卡 不可

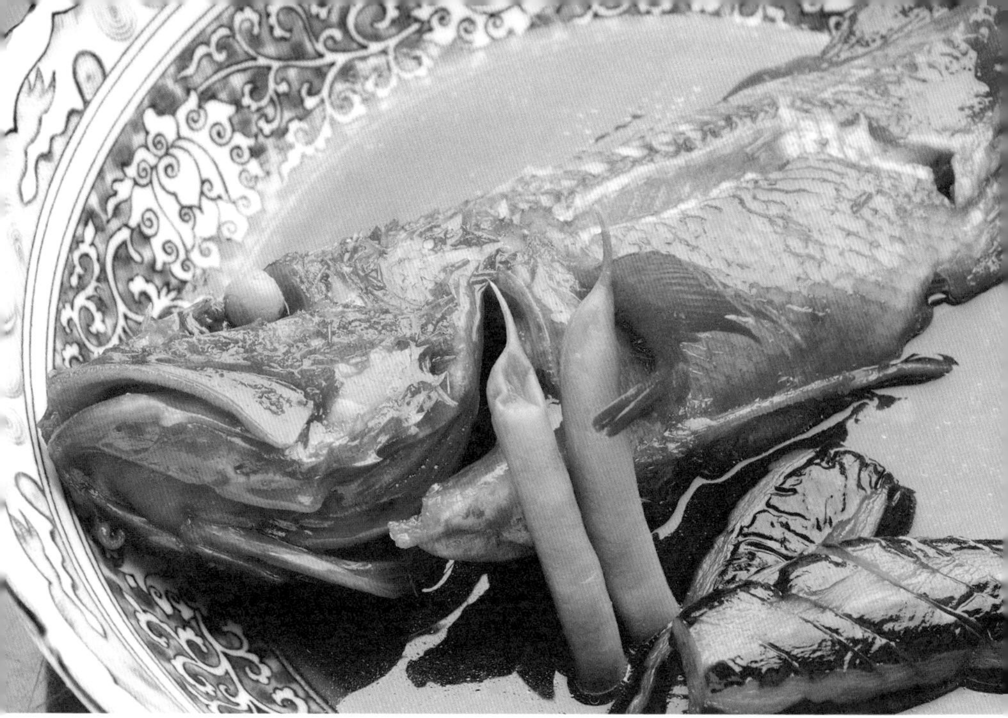

红烧喜知次鱼选用北海道产、一本钓捕获的喜知次鱼，注意看鱼并没有开膛

让爱酒之人喜不自胜的风雅料理

御料理 万代家

（おりょうり もずや）

和食餐馆

店主笠原洋先生超级爱酒，尤其喜爱日本酒。这样的店主制作的料理，以“适合下酒”为基本原则，每一道菜都平易近人，毫无装腔作势之感。不过这并不意味着菜品不够精致，反倒有稳重雅致的气质，令人赞叹。从自制的各种调味料开始，无论是烹调还是待客，笠原先生的认真态度从他经手的每一道工序中都能体会得到。认真与风雅这两种气质并存的料理可不多见。

为了不让汤汁过于渗透到鱼肉中，喜知次鱼在下锅前并没有开膛（内脏是从鳃部取出的）。鱼身表面包裹着黏稠的汤汁，而鲜美的鱼肉在入口后才充分散开，让人香到说不出话来。无论是口感还是味道都完全不同的昆布腌渍比目鱼刺身，因为鱼肉入味很深，产生了脱胎换骨般的变化。以这样的料理下酒的客人只能有一句话来形容感受，那就是这人世间的“幸福的人”啊。

1

1. 昆布腌渍比目鱼刺身，由于自身特有的丰富脂肪，鱼肉清爽甜美，但舌尖不留油腻感，可依喜好搭配店主自制的醋一起食用。2. 银鳕鱼西京烧，将银鳕鱼放到米糠中腌渍两三天，刷上自制的西京味噌，用大火烤出香味。3. 凉拌长枪乌贼和土当归，将煮熟的长枪乌贼和食用土当归、蘘荷和冬葱用味噌、日式辣椒凉拌。4. 粗大的房梁在天花板上交错排列，透光的推拉门则让人联想到有钱农户家里的老房子。5. 据说笠原先生从小就在厨房给妈妈打下手了。

3

4

2

5

菜单

红烧喜知次鱼（需预约）………… 3675 日元
昆布腌渍比目鱼刺身 ……………… 1050 日元
刺身 …… 比目鱼 945 日元・紫鰤鱼 840 日元
刺身拼盘 …………………………… 1575 日元
银鳕鱼西京烧・清酒蒸蛤蜊 …… 各 735 日元
凉拌长枪乌贼和土当归 …………… 630 日元

主厨推荐套餐 ………… 3675 日元・4200 日元
“立山”本酿造 片口壶 ……………… 535 日元
“八海山”本酿造 片口壶 …………… 840 日元
“田酒”“菊姬”纯米 片口壶 … 各 840 日元
烧酒 ……… 加冰 杯 630 日元・瓶 3150 日元
啤酒 惠比寿小瓶 ………………………… 480 日元

✆ 03-3948-4070

住 练马区樱台 3-15-18
交 地铁冰川台站 2 出口步行 6 分钟
营 17 时 30 分～23 时（22 时 30 分点单截止）
休 周日、周一、周二
座位 12 个　包间 无
服务费 无　吸烟 可
预约 可　刷卡 可